Rheinisch-Westfälische Akademie der Wissenschaften

Geisteswissenschaften Vorträge • G 186

Herausgegeben von der
Rheinisch-Westfälischen Akademie der Wissenschaften

GÜNTER KAHLE

Das Kaukasusprojekt der Alliierten vom Jahre 1940

Springer Fachmedien Wiesbaden GmbH

182. Sitzung am 17. Januar 1973 in Düsseldorf

ISBN 978-3-531-07186-2 ISBN 978-3-663-16299-5 (eBook)
DOI 10.1007/978-3-663-16299-5

Inhalt

Am 19. Juni 1940 erbeuteten deutsche Truppen „in einigen Güterwagen auf dem Bahnhof des kleinen französischen Städtchens La Charité" [1] sur Loire zahlreiche geheime Akten des französischen Generalstabes, die wichtige Aufschlüsse über die Pläne des Alliierten Obersten Kriegsrates gaben. Darüber hinaus schien ihr Inhalt geeignet, sowohl die Beziehungen Englands und Frankreichs zu verschiedenen, nicht am Kriege beteiligten Staaten als auch das Verhältnis einiger neutraler Länder untereinander erheblich zu belasten. In wohlerwogener Absicht wurden daher seit dem 4. Juli 1940 sorgfältig ausgewählte Teile dieser Akten in der deutschen Presse veröffentlicht und später in einem besonderen Weißbuch zusammengefaßt [2]. Zuvor hatte jedoch „der Tass-Vertreter Filipow als erster Berliner Auslandskorrespondent Fotokopien der fraglichen Dokumente erhalten mit der ausdrücklichen Empfehlung, sie in Moskau vorzulegen" [3].

Was war nun der Inhalt dieser Dokumente?

In seiner Reichstagsrede vom 19. Juli 1940 nahm Hitler auf sie Bezug und behauptete, daß aus ihnen hervorgehe, daß die englischen und französischen „Politiker und Militärs" versucht hatten, „Finnland für ihre Interessen zu verwenden, wie sie sich entschlossen hatten, Norwegen und Schweden zum Kriegsschauplatz zu machen, wie sie beabsichtigten, den Balkan in Brand zu setzen, um von dort hundert Divisionen als Hilfe zu bekommen", und „wie sie die Vorbereitungen trafen zum Bombardement von Batum und Baku unter einer ebenso gerissenen wie skrupellosen Ausdeutung der ihnen nicht abholden türkischen Neutralität ..." [4].

Hitlers Behauptungen entsprachen den Tatsachen. Aufsehenerregend wirkte aber vor allem sein Hinweis auf die militärischen Pläne der Alliierten

[1] Auswärtiges Amt, 1939–1941, Nr. 6: Die Geheimakten des französischen Generalstabes, Berlin 1941, S. 12. – Im folgenden als Weißbuch 6 bezeichnet.

[2] Weißbuch 6. Vgl. auch Lothar Krecker, Deutschland und die Türkei im Zweiten Weltkrieg, Frankfurt/Main 1962, S. 91 f., und Gotthard Jäschke, Die Türkei in den Jahren 1935–1941, Leipzig 1943, S. 98.

[3] L. Krecker, loc. cit., S. 94.

[4] Max Domarus, Hitler. Reden und Proklamationen 1932–1945, Bd. 2 (erster Halbband), München 1965, S. 1543.

gegen die sowjetischen Erdölzentren im Kaukasus. Sie sind nach dem Kriege wiederholt durch – leider meist nur knappe, mitunter auch widersprüchliche – Aussagen einiger alliierter Politiker und Militärs bestätigt worden, die an diesen Plänen beteiligt waren. Wesentlich neue Erkenntnisse ließen sich daraus jedoch nicht gewinnen. Weitere Quellen zu diesem Komplex sind kaum bekannt geworden, und neben verschiedenen französischen fehlen uns zur vollständigen Klärung immer noch zahlreiche englische sowie die gewiß auch vorhandenen türkischen Dokumente, so daß wichtige Detailfragen offen bleiben müssen und wir in manchen Einzelheiten vorläufig noch auf Vermutungen angewiesen sind.

Diese mangelhafte Quellenlage mag daher auch z. T. mit die Ursache dafür sein, daß die sehr umfangreiche Historiographie über den Zweiten Weltkrieg dem gegen das Kaukasusgebiet gerichteten „Südplan“ [5] der Alliierten bisher nur geringe Aufmerksamkeit gewidmet hat. Lediglich von französischer und von russischer Seite liegen hierzu einige kleinere Spezialarbeiten vor [6]. Darüber hinaus hat nur die offizielle sowjetische Geschichtsschreibung dieses Thema aus naheliegenden Gründen auch in ihren Gesamtdarstellungen über den Großen Vaterländischen Krieg der Sowjetunion relativ ausführlich behandelt.

Der Sinn meiner Ausführungen soll es nun sein, unter Zusammenfassung des derzeitigen internationalen Forschungsstandes zu einer – zwar sicherlich auch nur vorläufigen, aber doch wenigstens annähernd verbindlichen – Aussage über die genannten Vorgänge zu gelangen. Dazu erscheint es notwendig, auf die Situation der ersten Monate des Zweiten Weltkrieges zurückzukommen, um, von hier ausgehend, die Überlegungen der Alliierten hinsichtlich ihres Kaukasusprojektes noch einmal im politischen und militärischen Zusammenhang chronologisch zu entwickeln.

Während man in Großbritannien im Herbst und Winter 1939/40 überwiegend zu der Auffassung neigte, daß in diesem Stadium des Krieges und

[5] Die Bezeichnungen „Nordplan“ für die beabsichtigte alliierte Unterstützung Finnlands im Winterkrieg 1939/40 und „Südplan“ für das Kaukasusprojekt werden vornehmlich in der Historiographie der Ostblockländer verwandt.

[6] Vor allem R. Jur̆ev, Podgotovka Anglii i Francii k napadeniju na Sovetskij Sojuz s Juga v 1939–1940 godach, in: Voprosy Istorii, Nr. 2, Moskau 1949, S. 101–108, und L.-M. Chassin, Un Plan Grandiose: L'attaque des pétroles du Caucase, en 1940, in: Forces aériennes françaises, Nr. 176, Paris 1961, S. 821–849. Der Aufsatz von J. M. d'Hoop, Les projets d'intervention des Alliés en Mediterranée Orientale (septembre 1939–mai 1940), in: Comité d'Histoire de la 2e Guerre Mondiale (Hg.), La Guerre en Mediterranée 1939–1945 (Actes du Colloque International tenu à Paris du 8 au 11 avril 1969), Paris 1971, S. 237–256, bringt kaum neue Fakten.

bei dem derzeitigen Stand der englischen Rüstung die wirtschaftliche Blokkade gegen Deutschland eines der sichersten – und zugleich risikolosesten – Mittel sei, die zum Siege führen würden, waren die Franzosen vor allem bestrebt, den Krieg von ihrer Ostgrenze fernzuhalten. Deshalb waren sie besonders daran interessiert, neue und fernere Kriegsschauplätze zu schaffen, und hofften, damit zugleich ihre eigene Kraft durch die Gewinnung weiterer Verbündeter zu stärken. Zur Verwirklichung dieser Vorhaben schienen sich Ende 1939 sowohl in Skandinavien als auch auf dem Balkan und in Vorderasien erfolgversprechende Möglichkeiten zu bieten [7].

Im Norden hatte sich das finnisch-sowjetische Verhältnis im Verlauf des Jahres zunehmend verschlechtert, und am 30. November 1939 begann mit dem sowjetischen Angriff auf Finnland der Krieg zwischen den beiden Staaten. Die Alliierten befürchteten, daß Finnland in kurzer Zeit überrannt werden und die Sowjetunion sich dann in den Besitz weiterer Gebiete des nördlichen Skandinavien setzen würde, was wiederum eine deutsche Besetzung Südskandinaviens wahrscheinlich gemacht hätte.

Um einer solchen Möglichkeit vorzubeugen, hatte die britische Regierung bereits im Oktober 1939 von den Stabschefs ein Gutachten angefordert über „die Vor- und Nachteile, die uns entstehen könnten, falls wir, offiziell oder inoffiziell, der UdSSR auf Grund eines Angriffes gegen Finnland oder gegen ein anderes skandinavisches Land den Krieg erklären" [8]. Nach Meinung der Stabschefs würde von einem Konflikt, der auf die UdSSR und Finnland lokalisiert bliebe, keine unmittelbare Gefahr drohen. Eine direkte Unterstützung Finnlands schiene daher in einem solchen Fall auch nicht unbedingt erforderlich. Dagegen müsse einer Ausweitung des Krieges und der dadurch drohenden gemeinsamen deutsch-sowjetischen Kontrolle Skandinaviens energisch und mit allen Mitteln begegnet werden.

Ohne in diesem Zusammenhang auf nähere Einzelheiten einzugehen, sei hier nur zusammenfassend vermerkt, daß der finnische Widerstand härter und erfolgreicher war, als von den Russen und den Alliierten erwartet wurde, was sowohl politische als auch militärische Ursachen hatte.

So scheiterte der sowjetische Versuch, durch die Errichtung einer finnischen Gegenregierung in der am 1. Dezember 1939 eroberten Grenzstadt Terijoki, Finnland – ähnlich wie im Bürgerkrieg von 1918 – in „weiß" und „rot" zu spalten. Da die Russen mit dem Erfolg ihres Vorhabens rechneten und daher eine baldige Beendigung des Konfliktes erhofften, hatte die

[7] Vgl. Sir Llewellyn Woodward, British Foreign Policy in the Second World War, Bd. 1, London 1970, S. XXXII.

[8] J. R. M. Butler, Grand Strategy, Bd. 2: September 1939–June 1941 (History of the Second World War. United Kingdom Military Series), London 1957, S. 95.

sowjetische Regierung für den Angriff anfangs auch nur starke Streitkräfte des Leningrader Militärbezirkes eingesetzt, die sich jedoch trotz ihrer hohen zahlenmäßigen Überlegenheit den Finnen gegenüber als zu schwach erwiesen.

Darüber hinaus führten aber auch Ausbildungs- und Ausrüstungsmängel in der Roten Armee, schlechte Organisation und Kriegsunerfahrenheit der Truppe sowie schwerwiegende taktische Fehler der sowjetischen Offiziere zu hohen russischen Verlusten und ließen eine längere Dauer des Krieges vermuten, wenn auch an seinem Ausgang letztlich kein Zweifel bestehen konnte [9].

Die Rückschläge, die die sowjetischen Streitkräfte in der ersten Phase ihres Krieges gegen Finnland hinnehmen mußten, führten aber auch bei den Alliierten zu einer bedenklichen Unterschätzung der russischen Kampfkraft, und die Ansicht des Chefs der polnischen Exilregierung in London, General Sikorski, der als Autorität in Fragen der Roten Armee galt und behauptete, daß sie lediglich „über zwei gute Divisionen" verfüge, „während alle übrigen Einheiten von erbärmlicher Qualität seien, die unter dem Mangel an Moral, Ausrüstung und Offizieren leiden" [10], wurde nur zu gern geglaubt. Unter diesem Aspekt der eigenen Überschätzung und völligen Verkennung des militärischen Potentials der UdSSR müssen die folgenden Pläne und Handlungen der Alliierten gesehen und können auch nur unter Berücksichtigung dieser Faktoren verstanden werden.

Die öffentliche Meinung in Großbritannien und Frankreich sowie in den Vereinigten Staaten und den meisten anderen neutralen Ländern erklärte unverhohlen ihre Sympathie für das angegriffene Finnland, und die Presse dieser Länder forderte, je länger der Krieg andauerte, immer nachdrücklicher eine alliierte Intervention zugunsten der Finnen [11]. Vor allem in einigen nordamerikanischen Zeitungen wurde dabei der Hoffnung Ausdruck verliehen, daß sich das Deutsche Reich einer „Einheitsfront gegen die Sowjetunion" anschließen möge [12]. Nachdem der Rat des Völkerbundes im Dezember 1939 seine Mitglieder zur Hilfe für die Finnen aufgerufen hatte, setzten vor allem von englischer und französischer Seite in größerem Um-

[9] Über die erwähnten Mängel in der Roten Armee vgl. die Beratungen und Ergebnisse in der „erweiterten Sitzung des Obersten Kriegsrates" der UdSSR vom 14. bis 17. April 1940 im Kreml. Institut für Marxismus-Leninismus beim ZK der KPdSU (Hg.), Geschichte des Großen Vaterländischen Krieges der Sowjetunion, Bd. 1: Die Vorbereitung und Entfesselung des Zweiten Weltkrieges durch die imperialistischen Mächte, Berlin (Ost) 1962, S. 326–329.

[10] Public Record Office, CAB 65/2, p. 103 (War Cabinet Meeting of November 15, 1939).

[11] Vgl. Geschichte des Großen Vaterländischen Krieges, Bd. 1, S. 313, mit Anm. 72 und 76.

[12] Idem, S. 312, mit Anm. 68 und 69.

fang Lieferungen von Flugzeugen, Waffen, Munition und Ausrüstung für Finnland ein, an denen sich verschiedene neutrale Staaten beteiligten, von denen einige auch Freiwilligenkontingente stellten.

Am bedeutsamsten war jedoch der Beschluß des Obersten Alliierten Kriegsrates vom 19. Dezember 1939, zugunsten Finnlands eine Intervention in Skandinavien vorzubereiten. Die Aufstellung des englisch-französischen Expeditionskorps, das anfangs zwischen 50 000 und 60 000 und später 150 000 Mann umfassen sollte (davon ²/₃ Engländer und ¹/₃ Franzosen) begann im Januar 1940. Ende Februar 1940 standen die ersten geschlossenen Einheiten zur Verschiffung nach Finnland bereit [13].

Zur gleichen Zeit wurden von den Alliierten Überlegungen angestellt, auch im Süden der UdSSR Kampfhandlungen zu eröffnen [14]. Als Ergänzung einer Intervention in Skandinavien, die freilich nicht nur zur Entlastung der bedrängten Finnen bestimmt war, sondern vor allem auch die nordschwedischen Erzlager von Gällivare und Kiruna mit den Ausfuhrhäfen Luleå und Narvik unter alliierte Kontrolle bringen sollte, um dadurch den Deutschen die dringend benötigte Erzzufuhr aus dem Norden abzuschneiden, hätte eine Operation im Kaukasus das Ziel, die reichlichen russischen Öllieferungen an Deutschland zu unterbinden. Die Durchführung dieser beiden Aufgaben würde sowohl den englischen Vorstellungen von einer Verschärfung der Blockade entsprechen als auch den französischen Wünschen gerecht werden, den Krieg von den eigenen Grenzen – wenigstens vorläufig – fernzuhalten.

Am 19. Januar 1940 forderte der französische Ministerpräsident Daladier den Oberbefehlshaber der alliierten Streitkräfte in Frankreich, General Gamelin, und den Oberkommandierenden der französischen Flotte, Admiral Darlan, auf, „eine Denkschrift über eine eventuelle Intervention zur Zerstörung der russischen Ölfelder auszuarbeiten“ [15]. Im einzelnen sollten drei Möglichkeiten erwogen werden:

1. Die Verhinderung von Öltransporten im Schwarzen Meer. Da hierbei vorwiegend deutsche Schiffe betroffen wären, würde die UdSSR nicht in einen Krieg verwickelt;
2. eine direkte Intervention im Kaukasus;
3. eine Unterstützung der Selbständigkeitsbestrebungen der mohammedanischen Bevölkerung im Kaukasusgebiet, d. h. eine indirekte Aktion in Form der Förderung eines Aufstandes.

[15] Weißbuch 6, Dokument Nr. 19, S. 207 (dt. S. 45)
[14] Vgl. J. M. d'Hoop, loc. cit., S. 251.
[15] Weißbuch 6, Dokument Nr. 19, S. 207 (dt. S. 45).

Einen Monat später, am 22. Februar 1940, führte Gamelin in dem angeforderten Bericht [16] aus, daß er von den vorgeschlagenen drei Möglichkeiten die erste und dritte für weniger erfolgversprechend halte, während die zweite am aussichtsreichsten und daher „für die Alliierten von sehr großem Interesse" sei. „Eine Aktion gegen die russische Erdölindustrie im Kaukasus" würde nach Gamelins Ansicht ermöglichen, „einen sehr schweren, wenn nicht entscheidenden Schlag gegen die militärische und wirtschaftliche Organisation der Sowjetunion zu führen. In einigen Monaten könnte die UdSSR sogar in eine derartige Verlegenheit kommen, daß sie in die Gefahr eines völligen Zusammenbruchs käme. Wenn dieses Ergebnis erzielt würde, so würde sich gegen Deutschland, dem die gesamte Versorgung aus Rußland gesperrt würde, die Blockade im Osten schließen, und es müßte sich damit begnügen, von den Zufuhren aus den nordischen Ländern und dem Balkan zu leben, den letzten wirtschaftlichen Zufluchtsorten, wo es sich noch verteidigen könnte."

Im einzelnen wies Gamelin darauf hin, daß von den drei empfindlichen Stellen der sowjetischen Erdölproduktion das Gebiet von Groznyj und Majkop selbst für Luftoperationen zu weit entfernt liegt, so daß nur Batum und vor allem Baku als „bei weitem das wichtigste Erdölzentrum des Kaukasus" für einen Angriff in Frage kommen. Denn, so heißt es in der Denkschrift weiter, „75 % der russischen Erdölerzeugung kommen aus Baku, die Raffinerieanlagen von Baku sind die größten im Kaukasus, über Baku werden mit der Bahn und mit Schiffen (Kaspisches Meer) mehr als 50 % der russischen Erdölproduktion des Kaukasus ausgeführt". Da wegen des unwegsamen Geländes zwischen der türkischen Grenze und dem etwa 500 km davon entfernt liegenden Baku „ein Landangriff mit der Türkei als Ausgangspunkt nicht in Frage kommt", andererseits ein Angriff von alliierten Landstreitkräften vom Iran aus auch auf zu große Schwierigkeiten stoßen würde, „muß man also einen Angriff auf Baku aus der Luft in Aussicht nehmen". Solche Luftangriffe, die mehrmals wiederholt werden müßten, damit die einmal erzielten Zerstörungen bestehen bleiben, würden nicht nur Deutschland durch den Ausfall der russischen Erdöllieferungen treffen, sondern auch die Sowjetunion, „da Moskau fast seine ganze Erdölproduktion für seine motorisierten Truppen und seine landwirtschaftlichen Betriebe braucht".

Als Stützpunkte für die Luftoperationen gegen Baku nahm Gamelin in Aussicht:

[16] Weißbuch 6, Dokument Nr. 22, S. 213–217 (dt. S. 50–52).

1. den Raum von Diyarbakir und Erzurum in der Türkei;
2. Iran;
3. Ober-Djézireh in Syrien (den sog. „Entenschnabel") und das Gebiet von Mosul im Irak.

Allerdings wäre in allen Fällen „eine vorherige Verständigung mit der Türkei oder Iran unerläßlich, sei es wegen der Errichtung von Stützpunkten, sei es wegen des Überfliegens türkischen oder iranischen Gebietes". Wegen der großen Entfernung zwischen den Luftbasen und dem Zielgebiet (Täbris–Baku = 400 km; Erzurum oder Mosul–Baku = 700 km und Djézireh–Baku = 800 km) könnten ausschließlich modernste Bomber mit weitem Aktionsradius und möglichst großer Tragfähigkeit verwandt werden, von denen etwa 6–8 Gruppen als ausreichend erachtet werden. (1 groupe = 1 squadron = 1 Staffel, d. h. 13 Flugzeuge, von denen 10 unmittelbar das Objekt angreifen.)

Diese – soeben sehr ausführlich geschilderte – Denkschrift von Gamelin bildete offensichtlich die wichtigste Grundlage für das Kaukasusprojekt, da alle späteren Planungen und Vorbereitungen der Alliierten wesentlich auf ihr beruhen. Sie weichen lediglich in Einzelheiten ab, vor allem, wenn die vorgesehenen militärischen Maßnahmen präzisiert werden.

Inzwischen hatte am 11. Februar 1940 eine neue sowjetische Offensive gegen die Mannerheimlinie begonnen, in die tiefe Einbrüche erzielt wurden. Am 28. Februar begann die zweite Phase des Angriffs, und in den ersten Märztagen standen die Russen vor Wyborg. Damit war die militärische Entscheidung gefallen, und die finnische Regierung erklärte sich bereit, mit Moskau Friedensverhandlungen aufzunehmen. – „Kaum hatte das Kabinett seinen Entschluß gefaßt", schreibt der damalige finnische Außenminister Tanner, „wurde es von außen unter Druck gesetzt. Frankreich und England, deren Hilfeleistungen bis dahin ziemlich zufällig waren, versuchten nun, nachdem ihnen der neueste Kabinettsbeschluß übermittelt worden war, ... mit allen ihnen zur Verfügung stehenden Mitteln, Finnland an den Friedensverhandlungen mit der Sowjetunion zu hindern." [17]

Tatsächlich unterbrachen die Finnen die Verhandlungen für einige Tage, nahmen sie jedoch – von der Aussichtslosigkeit eines weiteren Widerstandes und der Nutzlosigkeit des versprochenen alliierten Beistandes überzeugt – am 6. März wieder auf. Obwohl Churchill, ohne vom Kabinett dazu autorisiert zu sein, noch am 11. März dem finnischen Gesandten in Paris erklärte, daß die Alliierten jetzt unverzüglich einem Ersuchen der finnischen Regie-

[17] Väinö Tanner, The Winter War. Finland against Russia 1939–1940, Stanford, California 1957, S. 195.

rung um Hilfe nachkommen würden, ohne zuvor die Regierungen Norwegens und Schwedens noch einmal um die Erlaubnis zu dem bisher von ihnen verweigerten Truppendurchmarsch zu fragen, unterzeichneten die Finnen am nächsten Tage, dem 12. März 1940, in Moskau den Friedensvertrag. „Finnland“, so schreibt Fabre Luce, „wollte nicht als Schlachtfeld einer alliierten Niederlage dienen. Durch das polnische Beispiel belehrt, zog es eine Amputation mit der Hoffnung, weiterzuleben, dem Tode mit der Hoffnung auf eine Auferstehung vor.“ [18]

Eine Folge der finnischen Niederlage war der Sturz des Kabinetts Daladier. Am 21. März 1940 übernahm der bisherige Finanzminister Reynaud „die Bildung einer neuen französischen Regierung mit dem Ziel, eine energische Kriegführung zu betreiben. Hierzu gehörte die skandinavische Unternehmung, für die bereits alle Vorbereitungen getroffen waren“ [19], und der die Deutschen am 9. April 1940 zuvorkamen.

Aber hierzu gehörte auch die Errichtung einer Front im Süden, deren Aufbau nun verwirklicht werden sollte. In den Beratungen über einen bereits vor dem Krieg existierenden französischen Plan, mit Zustimmung Griechenlands in Saloniki zu landen und unter Einbeziehung der Streitkräfte der Balkanstaaten eine Balkanfront zu errichten, um einer im Südosten befürchteten deutschen Expansion zu begegnen, konnte im Sommer 1939 zwischen Engländern und Franzosen kein Einvernehmen erzielt werden, und der Plan wurde im Oktober 1939 vorläufig zurückgestellt [20]. In seiner Denkschrift vom 10. März 1940 griff ihn Gamelin wieder auf: „Auf militärischem Gebiet wäre immerhin eine Aktion auf dem Balkan für Frankreich viel vorteilhafter als eine solche in Skandinavien: der Kriegsschauplatz würde in großem Maßstab erweitert. Jugoslawien, Rumänien, Griechenland und die Türkei würden uns eine Verstärkung von ungefähr 100 Divisionen zuführen. Schweden und Norwegen würden uns nur die schwache Unterstützung von ungefähr 10 Divisionen verschaffen.“ [21] Handschriftlich fügte Gamelin seiner umfangreichen Denkschrift noch hinzu, daß die skandinavischen Pläne trotzdem unbedingt weiterverfolgt werden müssen, „um Finnland zu retten oder doch mindestens, um die Hand auf das schwedische Erz und die norwegischen Häfen zu legen. Aber“, so fährt er fort, „lassen wir

[18] Alfred Fabre-Luce, Französisches Tagebuch. August 1939–Juni 1940, Hamburg [3]1943, S. 174.

[19] Walther Hubatsch, „Weserübung“. Die deutsche Besetzung von Dänemark und Norwegen 1940, Göttingen [2]1960, S. 25.

[20] Vgl. Heinz Tillmann, Deutschlands Araberpolitik im Zweiten Weltkrieg (Schriftenreihe des Instituts für Allgemeine Geschichte an der Martin-Luther-Universität Halle-Wittenberg, Bd. 2), Berlin (Ost) 1965, S. 95 f.

[21] Weißbuch 6, Dokument Nr. 23, S. 221 f. (dt. S. 54 f.).

uns gesagt sein, daß vom Standpunkt der Kriegführung aus der Balkan und der Kaukasus, durch die man Deutschland auch vom Erdöl abschneiden kann, von viel größerem Nutzen sind. Den Schlüssel zum Balkan hält jedoch Italien in der Hand." [22]

Nicht zuletzt aus diesem Grunde, d. h. um eine Schädigung italienischer Interessen zu vermeiden, die Italien auf deutscher Seite in den Krieg zu führen drohte, vermieden die Alliierten im Frühjahr 1940, ihre Kriegsvorbereitungen auf dem Balkan zu intensivieren. Statt dessen trat erneut das Kaukasusprojekt stärker in den Vordergrund ihrer Überlegungen, und am Tage der Unterzeichnung des finnisch-russischen Friedensvertrages empfahl Gamelin daher Daladier noch einmal nachdrücklich, die geplante Angriffsaktion auf Baku und Batum weiter zu verfolgen [23].

Während kein Zweifel daran besteht, daß in diesen Wochen die Pläne eines möglichen Angriffs im Kaukasus vom Alliierten Obersten Kriegsrat eingehend erörtert worden sind, scheint der Oberbefehlshaber der französischen Levantearmee, General Weygand, darüber nicht unterrichtet gewesen zu sein [24]. Er wurde daher durch die Mitteilung des britischen Luftmarschalls Mitchell (Chef der brit. Luftwaffe im Vorderen Orient) auch entsprechend überrascht, der ihm am 7. März 1940 bei einem Besuch in Beirut erklärte, daß er aus London Anweisungen erhalten habe, eine eventuelle Bombardierung von Baku und Batum vorzubereiten. Da Luftstützpunkte im Irak bei dieser Operation wegen der formellen Unabhängigkeit dieses Staates zu Komplikationen führen könnten, bat Mitchell, die französischen Flugplätze in Djézireh zu prüfen, ob sie für eine Absprungbasis gegen das Kaukasusgebiet geeignet seien. Ferner beabsichtigte Mitchell, den türkischen Marschall Çakmak „um die Erlaubnis zu bitten, Flugplätze erkunden zu lassen, die in den Räumen von Diyarbakir, Erzurum, Kars und des Yan-Sees (wahrscheinlich Van-See) als Zwischenlandeplätze für Flugzeuge dienen könnten, die ihre Hauptbasis in Djézireh hätten" [25]. Drei Tage später wurde Weygand von General Wavell (Chef der brit. Landstreitkräfte im Vorderen Orient) darüber informiert, daß dieser vom britischen Kriegsministerium die Weisung erhalten habe, die Möglichkeiten von Landoperationen gegen das Kaukasusgebiet zu untersuchen. Auch Wavell hatte die Absicht, deshalb mit Marschall Çakmak Verbindung aufzunehmen, „und zwar mit

[22] Idem, S. 226 (dt. S. 57).
[23] Weißbuch 6, Dokument Nr. 25, S. 229 f. (dt. S. 59).
[24] Idem, S. 234 (dt. S. 60 f.). Vgl. auch Maxime Weygand, Mémoires. Bd. 3: Rappelé au service, Paris 1950, S. 71.
[25] Weißbuch 6, Dokument Nr. 25, S. 231 f. (dt. S. 59 f.).

größtmöglicher Vorsicht, um absolutes Schweigen zu bewahren" [26]. Weygand, der den Ersuchen der Engländer nachkam, informierte Gamelin und bat um dessen Zustimmung, die er auch sofort erhielt, sowie um weitere Instruktionen [27].

Mit dieser englischen Initiative ging das Stadium der Planung in die erste Phase der Vorbereitung über, wobei es bemerkenswert erscheint, daß die Engländer – offensichtlich im Gegensatz zu der bisherigen französischen Vorstellung – nicht nur Luft-, sondern auch Landoperationen gegen das Kaukasusgebiet erwogen. Es liegt nahe zu vermuten, daß in diesen Tagen, als die Engländer letzte Anstrengungen unternahmen, noch eine Möglichkeit zu finden, im finnisch-russischen Krieg zu intervenieren, sie zugleich nach einer baldigen und günstigen Möglichkeit suchten, die Sowjetunion noch an einer zweiten Front zu bedrohen. Im Kaukasusgebiet hoffte man nun, einen ihrer empfindlichsten Punkte zu treffen.

Während jedoch schon Luftangriffe auf die russischen Erdölzentren wegen der großen Entfernungen ohne Zwischenlandung außerordentlich schwierig erschienen und eine türkische Hilfe sehr wünschenswert machten, war jede Landoperation ohne eine aktive Mithilfe der Türkei unmöglich. Daß darüber im Alliierten Obersten Kriegsrat weitgehende Übereinstimmung herrschte, zeigt die Antwort Gamelins an Weygand vom 12. März 1940, in der er betonte, „daß meines Erachtens die Operationen im Vorderen Orient von dem britischen Oberkommando und die Operationen im Kaukasus von dem türkischen Kommando geleitet werden müßten, da letztere besonders durch türkische Streitkräfte unter Mitwirkung der Luftwaffe und eventueller alliierter Spezialkontingente durchgeführt werden". Deshalb erging im gleichen Telegramm auch die Aufforderung an Weygand, in dieser Frage ebenfalls mit Marschall Çakmak Kontakt aufzunehmen [28].

Das Verhältnis der Alliierten zu den Türken war jedoch kompliziert. Am 19. Oktober 1939 war zwar in Ankara ein englisch-französisch-türkischer Vertrag unterzeichnet worden, der einem Militärbündnis gleichkam [29] und eine alliierte Hilfe bei dem Angriff einer europäischen Macht auf die Türkei sowie eine gegenseitige Beistands- und Hilfeverpflichtung für den Fall von Kriegshandlungen im Mittelmeergebiet vorsah [30]. Aber abgesehen davon, daß eine geheime Zusatzklausel besagte, daß der Vertrag für die Türkei erst wirksam werden würde, wenn die Waffenlieferungen erfolgt seien, die

[26] Idem, S. 234 (dt. S. 60 f.).
[27] Idem, S. 231–234 (dt. S. 59–61).
[28] Idem, S. 235 (dt. S. 61).
[29] Vgl. Geschichte des Großen Vaterländischen Krieges, Bd. 1, S. 336.
[30] Vgl. R. Juŕev, loc. cit., S. 101 f., und L.-M. Chassin, loc. cit., S. 824 f.

die Alliierten den Türken zugesagt hatten (womit man nicht vor Ende 1940 rechnete), hieß es im § 2 des dem Vertrag beigefügten Protokolls, der sogenannten „Rußlandklausel", auch, daß „die Verpflichtungen, die die Türkei auf Grund des obengenannten Vertrages übernommen hat, die Türkei nicht zu Handlungen zwingen können, deren Ergebnis oder Folge ihre Verwicklung in einen bewaffneten Konflikt mit der UdSSR sein werden" [31].

Da aus einem Memorandum Gamelins vom 16. März 1940 hervorgeht, daß auch der Einsatz englisch-französischer Flottenverbände im Schwarzen Meer beabsichtigt war, deren Durchfahrt durch die Meerengen wiederum „die ausdrückliche oder stillschweigende Zustimmung der Türkei voraussetzen" würde [32], schien jetzt ein Zusammenwirken aller drei Teile der alliierten Streitkräfte wahrscheinlich. In jedem einzelnen Fall war jedoch eine aktive, beim Lufteinsatz mindestens eine passive Unterstützung durch die Türkei eine unabdingbare Voraussetzung.

Vor allem der französische Botschafter in Ankara, Massigli, versuchte nun (spätestens seit Februar 1940), die türkische Regierung von der Notwendigkeit eines gemeinsamen Vorgehens gegen die UdSSR zu überzeugen. Obwohl den Türken jede, wie auch immer geartete Schwächung der Sowjetunion willkommen war, zeigten sie sich auf Grund ihrer unzureichenden militärischen Rüstung gegenüber den alliierten Plänen aber sehr zurückhaltend. Immerhin konnte Massigli am 14. März 1940 berichten, daß Außenminister Saraçoğlu ihm indirekt zu verstehen gegeben habe, daß von seiner Regierung beim Überfliegen türkischen Territoriums durch alliierte Bomber keine Schwierigkeiten zu befürchten seien [33]. Nachdem Massigli noch einmal um eine eingehende Bewertung der türkischen Haltung ersucht wurde, sagte er in seinem ausführlichen Bericht vom 28. März 1940, daß man die Türkei nicht drängen dürfe, als erste die Sowjetunion anzugreifen, sondern man müsse so handeln, daß die Türkei, „uns folgend", gegen die Sowjetunion auftrete. Aber nach dem Friedensschluß zwischen der Sowjetunion und Finnland seien in der Türkei leider gewisse Zweifel an Englands und Frankreichs militärischer Überlegenheit aufgetreten. Doch erinnerte Massigli noch einmal an sein Gespräch mit Saraçoğlu und schlug vor, die Türkei nicht im voraus um eine Erlaubnis zum Überfliegen ihres Territoriums zu ersuchen, da dies nur unnötig eine schwierige Situation schaffen würde. Es sei besser, die Türken vor vollendete Tatsachen zu stellen. In einem solchen Fall könnte sich Ankara bei einem Protest der sowjetischen Regierung darauf berufen,

[31] R. Juŕev, loc. cit., S. 102.
[32] Weißbuch 6, Dokument Nr. 27, S. 238–242 (dt. S. 63–65).
[33] Weißbuch 6, Dokument Nr. 26, S. 236 f. (dt. S. 62).

nicht informiert worden zu sein. Es wäre sogar nicht schlecht, nach erfolgter Aktion von seiten der Türken selbst einen bescheidenen Protest zu hören. Abschließend meinte er, daß „die Operation gegen Baku am leichtesten zu organisieren ist". Bei dem erwarteten Erfolg würde eine solche Aktion die Türken sicher veranlassen, sich an weiteren Kriegshandlungen gegen die UdSSR zu beteiligen [34].

Eine ähnliche Beurteilung der Lage findet sich in dem am 26. März vom Foreign Office angeforderten Bericht der britischen Botschaft in Ankara vom 1. April 1940. In ihm wurde betont, daß die Türkei zwar die Eventualität eines Defensivkrieges gegen die Sowjetunion ins Auge fasse, aber nicht vor Ende des Sommers kriegsbereit sei. Im Augenblick halte die türkische Regierung daher jede Aktion gegen Baku wegen der zu erwartenden sowjetischen Gegenmaßnahmen für verfrüht. Aber nach Abschluß ihrer militärischen Vorbereitungen und Klärung des alliierten Verhältnisses zu Italien „werde sich die Türkei nicht ungern an einem interalliierten Angriff auf Baku über iranisches Gebiet beteiligen und werde sich nicht lange bitten lassen, das zu tun" [35].

Die Berichte der Botschafter trugen nur wenig dazu bei, den alliierten Politikern und Militärs, die das Kaukasusprojekt im März 1940 in mehreren getrennten und gemeinsamen Sitzungen erörterten, eine endgültige Entscheidung wesentlich zu erleichtern. Doch waren es jetzt offenbar die Franzosen, welche die Vorbereitungen beschleunigen wollten, während die Engländer zögerten, da sie mit einem baldigen Kriegseintritt Italiens rechneten. Sie glaubten daher nicht vor Ende 1940 die entsprechenden militärischen Kräfte im Vorderen Orient bereitstellen zu können, die ihrer Meinung nach notwendig sein würden, um die Sowjetunion ernsthaft zu bedrohen.

Auf der 6. Sitzung des Alliierten Obersten Kriegsrates in London drängte Reynaud am 28. März 1940 auf eine schnelle Entscheidung und forderte die Engländer auf, möglichst bald die erforderlichen Bomber nach Syrien zu schicken. Der britische Premierminister wollte sich jedoch hinsichtlich des Beginns der Kaukasusoperation nicht festlegen, weil er befürchtete, damit die Sowjetunion endgültig an Deutschland zu binden. Denn nach dem Finnlandkrieg meinte er Anzeichen zu erkennen, die darauf hindeuteten, daß die UdSSR ihre Beziehungen zu den Alliierten verbessern wolle. Man einigte sich schließlich auf dieser Sitzung, zur besseren Beurteilung der Angriffsmöglichkeiten spezielle Studien erstellen zu lassen, die dann von den verantwortlichen Stäben geprüft werden sollten.

[34] Weißbuch 6, Dokument Nr. 28, S. 243–253 (dt. S. 66–70).
[35] Weißbuch 6, Dokument Nr. 32, S. 262 f. (dt. S. 76 f.).

Anfang April wurden die beiden Studien für einen Angriff auf die sowjetische Erdölindustrie vorgelegt, wobei sich herausstellte, daß sie sich erstaunlich ähnlich waren. Der französische Plan (RIP) sah den Einsatz von 9 Bomberstaffeln vor. Sie sollten, wenn sie mit einem jeweiligen Abstand von 2 bis 3 Tagen eingesetzt werden, ausreichen, um die insgesamt 122 Erdölraffinerien (67 in Baku, 43 in Groznyj und 12 in Batum) während eines Zeitraumes zwischen 10 und 45 Tagen zu zerstören.

Im englischen Plan (MA 6) glichen die Einsätze und Fristen im wesentlichen den französischen, jedoch waren die Einzelheiten besser ausgearbeitet. Die Informationen über die Zielgebiete waren genauer, die Karten präziser, und er enthielt sogar Luftaufnahmen von Baku. Im Gegensatz zu den Franzosen, die keine Verluste einkalkuliert hatten, rechneten die Engländer mit etwa 20 % Ausfällen. Ein Mißerfolg schien auch den Bearbeitern des englischen Planes ausgeschlossen, und sie gelangten daher zu dem Ergebnis, daß „die Zerstörung der vorgesehenen Ziele früher oder später zu dem totalen Zusammenbruch des Kriegspotentials der UdSSR führen müsse". Abschließend erklärten sie, daß die vorgesehene Operation „den ganzen Verlauf des Krieges entscheiden kann" [36].

Der französische Luftwaffengeneral Chassin, der die beiden Pläne zwanzig Jahre später einer Kritik unterzieht, ist entsetzt, daß, wie er sagt, vernünftige Männer, die die Pläne RIP und MA 6 ausgearbeitet haben, ernsthaft glaubten, mit 117 Flugzeugen, die in 10 Einsätzen etwa 324 t Bomben werfen sollten, in höchstens einem Monat die ganze russische Erdölproduktion lahmlegen zu können [37].

Die verantwortlichen Militärs der Alliierten dachten 1940 offensichtlich nicht so. Zahlreiche Angehörige der Luftstreitkräfte beider Länder waren gläubige Anhänger der Lehren von Douhet. Stärker noch als die französischen waren viele englische, vor allem höhere Offiziere der RAF, von dem Wunsch beherrscht zu beweisen, daß die Luftstreitkräfte allein den entscheidenden Einfluß auf den Ausgang eines Konfliktes haben können.

Nur so ist es zu verstehen, daß die beiden Pläne nicht nur in dieser Form vorgelegt, sondern auch akzeptiert wurden. Denn sie bildeten die Grundlage der weiteren gemeinsamen Erörterungen im Großen Hauptquartier der französischen Luftwaffe. In der Abschlußbesprechung am 5. April 1940 wurden als Angriffsziele die Raffinerien und Hafenanlagen von Batum, Poti, Groznyj und Baku bestimmt, wobei die Engländer ihre Bereitschaft zu erkennen gaben, nun doch von Mosul aus zu operieren. Man rechnete, inner-

[36] Vgl. L.-M. Chassin, loc. cit., S. 836–842.
[37] Idem, S. 843.

halb der ersten sechs Tage etwa ein Drittel der Objekte zu zerstören. Vorgesehen wurden 6 französische Bomberstaffeln (2 Farman 221 und 4 Glenn-Martin) und 3 englische (Wellington). Unter Berechnung der eingebauten Zusatztanks könnten sie bei jedem Feindflug insgesamt 70 t Bomben auf etwa 100 erkundete Raffinerien abwerfen, wobei jedoch, wie jetzt ausdrücklich bemerkt wurde, „feindliche Gegenwirkung und die vermutliche Anwesenheit deutscher (!) Jagdflieger die Wirksamkeit dieser Operation in erheblichem Maße vermindern werden" [38].

Während zur englischen Haltung widersprüchliche Aussagen vorliegen, geht aus den Quellen deutlich hervor, daß die Vorbereitungen im weiteren Verlauf des April mindestens vom französischen Oberkommando intensiv weiter vorangetrieben wurden. Zwar hat man die Zusammensetzung der an der Operation beteiligten Luftstreitkräfte wiederholt geringfügig geändert, aber die zur Durchführung benötigten Mittel wurden stets mit dem gleichen Optimismus beurteilt. „70 Tonnen Bomben auf 100 Raffinerien. Man glaubt zu träumen", schreibt Chassin [39].

Am 17. April 1940 berichtet Weygand an Gamelin und den Oberbefehlshaber der französischen Luftstreitkräfte, General Vuillemin, daß „die Vorbereitungen für die Bombardierung der Erdölfelder des Kaukasus so weit fortgeschritten sind", daß die Operation „Ende Juni oder Anfang Juli" erfolgen kann. Bis dahin müßte auch die Türkei soweit sein, einem russischen Gegenschlag erfolgreichen Widerstand entgegensetzen zu können [40]. In diesem Zusammenhang bat Massigli in einem Telegramm vom 25. April dringend, die französischen Waffenlieferungen für die Türkei zu verstärken und vor allem zu beschleunigen [41].

„Das französische Oberkommando akzeptierte Weygands Vorschläge und beschloß, die UdSSR Ende Juni oder Anfang Juli 1940 zu überfallen. Die ersten Angriffe auf die sowjetischen Ölfelder sollten Ende Juni 1940 erfolgen. Vertreter der französischen Truppenführung im Nahen Osten empfahlen ihrer Regierung dringend, nicht im Westen, sondern im Osten Krieg zu führen. Der Oberbefehlshaber der Fliegerstreitkräfte der Weygand-Armee, General Giono, erklärte dem damaligen französischen Luftfahrtminister ganz offen: ‚Sie werden den Krieg nicht an der Westfront führen. Krieg geführt wird im Kaukasus – geben Sie uns die Mittel.' " [42]

[38] Weißbuch 6, Dokument Nr. 34, S. 265–270 (dt. S. 79–81).
[39] L.-M. Chassin, loc. cit., S. 847.
[40] Weißbuch 6, Dokument Nr. 38, S. 284–286 (dt. S. 90 f.).
[41] Weißbuch 6, Dokument Nr. 39, S. 287–292 (dt. S. 92 f.).
[42] Geschichte des Großen Vaterländischen Krieges, Bd. 1, S. 326.

Diese russischen Ausführungen, die durch das französische Material bestätigt werden, deuten darauf hin, daß man in Paris neben der Luftwaffenaktion auch die Möglichkeit eines Landangriffes wieder in Erwägung gezogen hatte. Der deutsche Sonderbeauftragte Rahn bei General Dentz, dem französischen Oberkommissar in Syrien, berichtete dem Auswärtigen Amt ein Jahr später, am 8. Juni 1941, daß die französische Armee in Syrien im Mai 1940 80 000 Mann umfaßt habe, die mit modernster Ausrüstung versehen und fast vollständig motorisiert waren [43]. Nach sowjetischen Angaben hatte die französische Levante-Armee im Mai 1940 sogar eine Stärke von 150 000 Mann [44]. Wie dem auch sei, durch den deutschen Angriff auf Frankreich am 10. Mai 1940 wurden die Franzosen aller weiteren Überlegungen hinsichtlich des Kaukasusprojektes enthoben, und ihre dazu angestellten Planungen und Vorbereitungen waren gegenstandslos geworden.

Die britischen Quellen zu diesem Komplex sind bisher noch weitgehend unbekannt, doch geht aus der offiziellen englischen Kriegsgeschichtsschreibung und der Memoirenliteratur hervor, daß bereits nach dem deutschen Angriff auf Norwegen am 9. April 1940 in Großbritannien das Interesse an einer Operation im Kaukasus „auszuklingen" scheint [45]. Da sich die Engländer aber über Stalins Absichten nie ganz sicher waren, ist ihr Interesse an dem Projekt jedoch offensichtlich nicht erloschen. Denn am 31. Januar 1941 schlug Premierminister Churchill in einem Brief an den türkischen Staatspräsidenten Ismet Inönü vor, Waffen und Instrukteure in die Türkei zu entsenden und Luftstützpunkte zu errichten, von denen aus die britischen Bomberverbände u. a. auch „die Ölfelder von Baku angreifen könnten. Ein großer Teil der russischen Landwirtschaft", so schreibt Churchill weiter, „hängt von der Versorgung aus diesen Ölfeldern ab, und deren Zerstörung hätte in weiten Landesteilen Hungersnot im Gefolge" [46].

Inzwischen vollzog sich der Aufmarsch der deutschen Armeen an der Westgrenze der UdSSR. Stalin blieb allen – vor allem von englischer Seite kommenden – Warnungen vor einem deutschen Angriff gegenüber verschlossen. Dagegen steigerte sich sein Mißtrauen gegenüber Großbritannien, das nach dem Flug von Rudolf Heß nach Schottland am 10. Mai 1941 einen

[43] Vgl. H. Tillmann, loc. cit., S. 97 f.
[44] Vgl. W. G. Truchanowski (Hg.), Geschichte der internationalen Beziehungen 1939–1945, Berlin (Ost) 1965, S. 32.
[45] Vgl. Sir L. Woodward, loc. cit., Bd. 1, S. 113.
[46] W. S. Churchill, Der Zweite Weltkrieg, Bd. 3/1, Stuttgart 1951, S. 52 f.

neuen Höhepunkt erreichte, weil Stalin eine deutsch-englische Verständigung auf Kosten der Sowjetunion befürchtete [47]. Die erfolglose Mission und die daraus resultierende Abreise des britischen Botschafters Cripps aus Moskau sowie die brüskierende Nichtbeachtung eines Hilfsangebotes des britischen Außenministers Eden an die sowjetische Regierung im Fall eines deutschen Angriffes auf die UdSSR verschlechterten in der ersten Junihälfte 1941 nicht nur die gegenseitigen Beziehungen, sondern steigerten auf englischer Seite auch die Unsicherheit der politischen Lagebeurteilung. Man befürchtete in London nun einen neuen deutsch-sowjetischen Ausgleich mit weitgehenden Konzessionen Stalins an Hitler [48].

Nachdem unter dem Eindruck dieser schwierigen und sich offenbar ständig verschlechternden englisch-sowjetischen Beziehungen in London bereits Ende Mai wieder Überlegungen zur eventuellen Durchführung des Kaukasusprojektes angestellt worden waren, schien das englisch-sowjetische Verhältnis nun in der ersten Hälfte des Juni auf eine ernste Krise zuzusteuern. Daher entschieden sich die britischen Stabschefs am 12. Juni 1941 dafür, die erforderlichen Anordnungen zu treffen, um den im Vorderen Orient stationierten schweren und mittleren Bombern die Möglichkeit zu geben, auf die entsprechende Weisung hin und ohne weitere Verzögerungen durch unklare Befehlskompetenzen sofort und jederzeit von Mosul aus die Ölraffinerien in Baku anzugreifen [49].

Zehn Tage später begann der deutsche Angriff auf die Sowjetunion. Damit hatte das Kaukasus*projekt* unter den bisher angestellten Überlegungen und in der hier geschilderten Form auch für die Engländer seinen Abschluß gefunden. Dagegen blieb das Kaukasus*problem* für sie bestehen und beschäftigte die britischen Stäbe auch weiterhin während des Zweiten Weltkrieges, obwohl nunmehr vornehmlich unter dem Gesichtspunkt einer Bedrohung der Erdölgebiete durch die Deutschen, bis dann in den Nachkriegsjahren auch das Projekt, unter ähnlichen Aspekten wie 1940, wieder in den engsten Bereich der militärischen Interessen der Engländer und Nordamerikaner geriet [50].

Auf eine ausführliche Zusammenfassung, wie sie hier wohl angebracht wäre, wie auch auf eine eigene, abschließende Stellungnahme möchte ich ver-

[47] Vgl. Geschichte des Großen Vaterländischen Krieges, Bd. 1, S. 431–433.
[48] Vgl. Andreas Hillgruber, Der Zweite Weltkrieg, 1939–1945. In: Osteuropa-Handbuch, Band: Sowjetunion/Außenpolitik, Köln–Wien 1973, S. 299.
[49] Vgl. J. R. M. Butler, loc. cit., S. 543 f.
[50] Vgl. R. Juŕev, loc. cit., S. 107 f.

zichten. Sie würden beide den zeitlichen Rahmen dieses Vortrages sprengen. Ich weiß, daß noch manche Fragen offen sind und einige Probleme nur angedeutet wurden. Ihre Erörterung mag der Diskussion vorbehalten bleiben. Jedoch – gerade im Hinblick auf diese Diskussion – abschließend noch einige Sätze über die „wenn“ und „aber“, die „hätte“ und „würde“, zu deren Erörterung das von mir behandelte Thema vielleicht auch anzuregen vermag.

Niemand von uns kann mit Sicherheit sagen, was geschehen wäre, wenn die deutsche Offensive im Westen vom Mai 1940 den Absichten der Alliierten im Kaukasus nicht zuvorgekommen wäre. Wir können auch nur vermuten, ob die Türkei und noch andere vorderasiatische Staaten in den Konflikt mit hineingezogen worden wären oder ob die Sowjetunion dann, wie es wohl vor allem die Engländer befürchteten, den Krieg endgültig auf deutscher Seite geführt hätte. Alle solche Überlegungen bleiben spekulativ und haben mit der historischen Realität, mit der wir uns zu beschäftigen haben, nichts zu tun.

Wir wissen aber, daß der Zweite Weltkrieg nach den Ereignissen des September 1939 keineswegs – etwa wie unter dem Gesetz einer vorherzusehenden oder gar vorherbestimmten höheren Notwendigkeit – *so* verlaufen „mußte“, wie er tatsächlich verlief, sondern daß es im Gegensatz dazu wirkliche „Alternativen“ gab, und eine davon implizierte eben dieses Kaukasusprojekt.

Summary

From October 1939 on, the British and French general staff discussed possibilities for joint military action against the Soviet Union as a potential ally of the German Reich. Apart from weakening the USSR such action was to reinforce the economic blockade against Germany. An allied expeditionary corps was to be organized under the socalled "Northplan"; the engagement of this corps in Scandinavia was to lead to an easing of the military pressure on the Finns in the winter campaign of 1939/40 and also to a command of the North Swedish ore deposits. In January, 1940, the Allied Chiefs of Staff began to consider a parallel "Southplan", and serious preparations for its execution were begun in March. Its aim was to launch a joint English-French attack, if possible with Turkish support, on the Soviet oil centres in the Caucasus Mountains. Such an attack by the French General Headquarters – set for the end of June or beginning of July, 1940 – became pointless after the German offensive against France in May, 1940. The English took up the "Southplan" again after the French surrender, and discussions of its possibilities can be traced up to a few days before the German attack on the Soviet Union in June, 1941.

Résumé

Depuis octobre 1939, les états-majors généraux britannique et français ont discuté à maintes reprises de mesures militaires contre l'Union Soviétique en tant qu'allié potentiel du Reich allemand. Parallèlement à un affaiblissement de l'URSS, le blocus économique de l'Allemagne devait ainsi être renforcé. Le «plan Nord» prévoyait la levée d'un corps expéditionnaire dont l'entrée en Scandinavie eût déchargé militairement les Finlandais durant la campagne d'hiver 1939/40 et contrôlé les régions minières du Nord suédois. Le Haut Conseil de Guerre allié étudiait en même temps depuis janvier 1940 un «plan Sud» dont la mise à exécution fut préparée à l'éventuel soutien de la Turquie – une attaque anglo-française jusqu'aux champs pétrolifères russes de la région du Caucase. L'offensive allemande contre la France rendit caduque l'attaque prévue par le Haut Commandement français pour juin 1940. Après la capitulation française, les Anglais reprirent cete idée du «plan Sud». On peut suivre la discussion de ses possibilités jusqu'à la veille de l'attaque allemande contre l'Union Soviétique en juin 1941.

Resumen

La posibilidad de un ataque conjunto a la Unión Soviética, como aliada potencial de Alemania, fué discutida repetidas veces por los Estados Mayores francés y británico a partir de octubre de 1939, además de la consiguiente debilitación de la URSS, se esperaba alcanzar con ello un aumento en la presión del bloqueo económico contra Alemania. Este proyecto, conocido en la literatura soviética como «Operación Norte», comprendía la formación de un cuerpo expedicionario aliado, de cuya aplicación en Escandinavia se esperaba obtener tanto un alivio de los finlandeses en la campaña invernal de 1939/40 como – principalmente – el control de los yacimientos ferrosos del norte de Suecia. Desde enero de 1940 se consideraba, paralelamente, en el Supremo Consejo de Guerra aliado también una «Operación Sur», cuya realización comenzó a prepararse desde marzo de 1940; su objetivo lo constituían las zonas petrolíferas soviéticas del Cáucaso, contra las que se dirigiría un ataque anglo-francés, en lo posible con apoyo turco, la fecha de ataque se fijó por el alto mando francés para fines de junio o principios de julio de 1940, pero la ofensiva alemana contra Francia de mayo de 1940 impidió el proyecto. Aún después de la capitulación francesa, los ingleses no abandonaron la idea, y las discusiones sobre su posibilidad se pueden perseguir hasta pocos días antes del ataque alemán a la Unión Soviética en junio de 1941.

РЕЗЮМЕ

Начиная с октября 1939 года в английском и французском генеральных штабах повторно обсуждались различные возможности совместных военных действий против Советского Союза, как возможного союзника Германии. Наряду с ослаблением СССР этим должно было быть прежде всего достигнуто усиление экономической блокады Германии. Так называемый «Северный План» предусматривал организацию союзного экспедиционного корпуса для действий в Скандинавии, как для облегчения положения финнов во время зимней войны 1939/40 годов, так и для контроля мест добычи руды в северной Швеции. Параллельно с этим в Союзном Верховном Военном Совете происходили обсуждения «Южного Плана», осуществление которого подготовлялось с марта 1940 года. Его целью было провести – по возможности с поддержкой Турции – англо-французское наступление на советские нефтяные центры на Кавказе. Предусмотренное французским Верховным Командованием на конец июня или начало июля 1940 года начало наступления потеряло свой смысл из-за немецкого наступления на Францию в мае 1940 года. После французской капитуляции англичане снова занялись «Южным Планом» и изучение возможностей его применения продолжалось до самого нападения немцев на Советский Союз в июне 1941 года.

Diskussion

Herr Hofmann: Sie erwähnten eingangs, daß seinerzeit darüber etwas in der deutschen Presse erschienen sei. Hier hätte ich doch gern eine Spezifizierung, denn ich kann mich nicht daran erinnern, obwohl ich in der damaligen Zeit in der Schriftleitung der „Kölnischen Volkszeitung" war.

Herr Kahle: Die Presseveröffentlichungen beginnen am 4. Juli 1940. Soweit ich orientiert bin, erschien die Sache im „Völkischen Beobachter" und ab 20. Juli, glaube ich, auch in den „Relazioni Internazionali" in Italien.

Herr Hofmann: 1941?

Herr Kahle: Nein, 1940, und zwar ab 20. Juli. Das war der Beginn der Presseveröffentlichungen in Italien.

Herr Hofmann: Dann kann es nur so sein, daß wir es für eine nationalsozialistische Erfindung gehalten und deshalb nicht ernstgenommen haben.

Herr Hillgruber: Diese stoßweisen Veröffentlichungen einzelner Dokumente der französischen Beuteakten, von denen Herr Kahle sprach, erfolgten nicht nur im „Völkischen Beobachter", sondern auch in den Provinzzeitungen. Es war eine ganz gezielte Aktion, um Mißtrauen zwischen der Türkei und der Sowjetunion zu säen, aber auch um zu offenbaren, welche Pläne die Alliierten damals hegten.

Ich würde gern zusätzlich noch einen allgemeineren Aspekt anführen, nämlich einen Gedanken, der hinsichtlich der deutschen Kriegführung schon öfter betont worden ist: daß nämlich der Zweite Weltkrieg von Hitler, aber auch von den deutschen Militärs in der Anfangsphase (1939/40) nach Maßstäben und in Kategorien geführt wurde, die aus dem Ersten Weltkrieg übernommen wurden.

Um diesen Aspekt auf das Thema von Herrn Kahle zu übertragen: Auch die von ihm erwähnten alliierten Staatsmänner und Militärs knüpften bewußt oder unbewußt an die letzte Kriegsphase 1918 an. Die Situation

(1939/40) war, wenn man bei der Interpretation ein wenig Phantasie walten läßt, ähnlich der im Sommer und Herbst 1918 nach dem Frieden von Brest-Litowsk: Es bestand aus alliierter Sicht ein unklares Verhältnis zwischen dem Deutschen Reich und Sowjetrußland. Die Westalliierten waren entsetzt darüber, daß der Blockadering um Deutschland durchbrochen war. Von daher erklärt sich der damalige Versuch der Alliierten, durch Truppenlandungen in Nordrußland – Murmansk, Archangelsk – und durch Vorstöße in den Kaukasusraum das Sowjetregime zu erschüttern und den Blokkadering wieder zu schließen.

Man könnte nun, sozusagen von Element zu Element fortschreitend, darauf hinweisen, wie die Maßstäbe zur Beurteilung im Osten 1939/40 übernommen wurden, und zwar, was die Stärke bzw. die Schwäche Rußlands betrifft. Es war ja nicht nur General Sikorski, der von der Vorstellung ausging, daß Rußland nur sehr schwache militärische Kräfte besitze und schnell zusammenbrechen würde, wenn man nur ein wenig an den Rand des Russischen Reiches „klopfe", sondern es handelte sich um eine weit verbreitete Einschätzung der Sowjetunion als Militärmacht, die in der Zeit zwischen den Kriegen noch u. a. durch Schlußfolgerungen aus der systematischen „Säuberung" des Offizierskorps der Roten Armee bestätigt worden war. Jedenfalls war die Überzeugung allgemein, daß man mit ein paar Schlägen in die Randzonen das Sowjetsystem zum Einsturz bringen könne, um so, wie im Ersten Weltkrieg, den alliierten Ring um Deutschland wieder zu schließen.

Dies scheint als Perspektive wichtig, von der aus auch Einzelheiten des Vortrages von Herrn Kahle verständlicher werden. Erst allmählich im Laufe des Zweiten Weltkrieges haben sich alle Kriegführenden von diesen übernommenen Vorstellungen der Jahre 1914–1918 gelöst. Es hat im Grunde etwa bis zur deutschen Katastrophe von Stalingrad (im Winter 1942/43) gedauert, bis eine andere Einschätzung der Sowjetunion sowohl auf deutscher Seite als auch auf seiten der Briten und der Amerikaner Platz griff.

Herr Heissig: Ist dieses ganze Problem schon von russischer historischer Seite behandelt worden?

Herr Kahle: Es gibt einen Aufsatz in den Voprosy Istorii aus dem Jahre 1949, also zu einem Zeitpunkt geschrieben, in dem sich der kalte Krieg seinem Höhepunkt näherte und man auf sowjetischer Seite bestrebt war, die Westmächte zu diskreditieren, was natürlich unter diesem Aspekt nicht allzu schwerfiel. Das ist aber von den russischen Darstellungen die einzige spezielle, die sich mit diesem Problem befaßt – sie umfaßt etwa 10 Seiten –, die mir bekannt ist.

Auch in der allgemeinen, sich auf den Zweiten Weltkrieg beziehenden sowjetischen Historiographie findet man das Kaukasusprojekt relativ ausführlich erörtert. In deutschen Darstellungen fällt es – ich kann nur sagen, daß es Herr Hillgruber in seinem Werk über die Strategie Hitlers erwähnt hat – ziemlich unter den Tisch.

In der englischen Historiographie wird es so dargestellt, daß Zweifel an der Richtigkeit der Darstellung aufkommen. In der französischen Historiographie über den Zweiten Weltkrieg wird es kaum erwähnt, erscheint dafür aber wieder in der Memoiren-Literatur. Zum Beispiel Gamelin und Weygand gehen in ihren Erinnerungen darauf ein, allerdings nur kurz.

Im Grunde genommen – bitte, betrachten Sie das jetzt nicht als Polemik – kommt man, wenn man nur die Historiographie und die Memoiren-Literatur des Westens kennt, zu der Überzeugung, daß es sich bei dem Plan um nichts anderes handelt – um Bourget zu zitieren –, als um „Spuren einer Hypothese". Und das trifft nun ganz sicher nicht zu.

Herr Grimm: Ich möchte noch einmal die allgemeinen Aspekte und Ihre Erwähnung des Jahres 1918 in den Vordergrund rücken.

Und zwar geht es um die Frage nach der Relevanz der Alternativen, auf die Sie zum Schluß hingewiesen haben. Deutet nicht das Mißverhältnis zwischen Planung und Realität, auf das Sie vielfach aufmerksam gemacht haben, auf eine viel grundlegendere Schwäche der beiden Westmächte in ihren Operationen hin? Könnte es sich vielleicht um einen Fall von überlebtem Großmachtbewußtsein handeln, dem die wirklichen Machtmittel gar nicht mehr entsprachen – sozusagen immer noch im Geiste von 1918, in der Position von 1918, obwohl man inzwischen zwei Jahrzehnte weiter war?

Es ist also eine Frage mit doppelter Zielrichtung, nämlich einmal, wie relevant diese Alternativen waren, und zum anderen, ob dieser Verdacht, den ich in bezug auf das Großmachtbewußtsein ausgesprochen habe, etwa auch das ist, was Sie bei der Lektüre der Dokumente haben herauslesen und beurteilen können?

Herr Kahle: Was ich in meinem Vortrag herausgestellt habe, ist die Fehleinschätzung der militärischen Stärke der Sowjetunion. Das von Ihnen und auch von Herrn Hillgruber angedeutete Großmachtdenken im Stile des Ersten Weltkrieges oder auch noch der Zeit danach spielt zusätzlich zweifellos eine sehr starke Rolle.

Es tut mir leid, selbst wenn es ermüdend wirkt, aber ich muß noch einmal auf Herrn Hillgruber verweisen. Da er Spezialist auf diesem Gebiet ist, wird man ihn immer wieder zu Rate ziehen müssen. Er hat in seinen Arbeiten – ich bitte Sie, Herr Hillgruber, mich zu korrigieren, wenn ich das jetzt nicht ganz prägnant wiedergebe – die Beurteilung des militärischen Kräftepotentials der Sowjetunion durch die Deutschen im Jahre 1941 schlüssig nachgewiesen, die im Vergleich zu dem, was die alliierten Militärs von der Sowjetunion hielten, fast pessimistisch war.

Man hat auf englischer Seite förmlich überlegt, ob es zeitlich noch einen Sinn habe zu liefern, ob das Material überhaupt noch ankommen werde, bevor Rußland besiegt sei. Darauf lief es im wesentlichen hinaus, um es einmal überspitzt auszudrücken.

Ich habe auch erwähnt, daß das Kaukasusproblem weiter bestand. Die Engländer rechneten damit, daß die Deutschen etwa im September 1941 den Kaukasus erreichen würden. Allein diese Vorstellung sagt alles.

Vielleicht kann aber Herr Hillgruber noch etwas ergänzen.

Herr Hillgruber: Herr Grimm meinte wohl noch etwas anderes, was ich bestätigen würde:

Die beiden europäischen Westmächte gingen von einer falschen Selbsteinschätzung aus, als sie 1939 dem Deutschen Reich den Krieg erklärten. Gerade Frankreich hat diese Überschätzung seiner Stärke mit der überraschend schnellen Niederlage im Mai/Juni 1940 bezahlt. Großbritannien stand im Juni/Juli 1940 nach der Niederlage Frankreichs vor einer Alternative: ob es sich im Eingeständnis dessen, daß alles Illusion war, mit Hitler arrangieren sollte. Es gab eine große Gruppe in der Führung Englands, die für dieses Arrangement war. Es setzte sich jedoch die Gegengruppe unter Führung Churchills durch, die Anschluß suchen wollte an die Weltmacht Amerika, die als einzige eine angemessene Gegenkraft gegen das war, was sich aus der Mitte Europas heraus mit ungeheurer Dynamik entwickelt hatte.

Im ersten halben Jahr (1939/40) handelte es sich also um einen Krieg, der auf seiten der Westmächte unter der völlig verfehlten Perspektive geführt wurde, daß man ohne Amerika und im Gegensatz zu der Sowjetunion den Krieg gegen Deutschland nicht nur führen, sondern auch gewinnen könne, wenn man nur eine Verzettelung der deutschen Kräfte – Nordplan/Südplan – erfolgreich praktiziere.

Das Umdenken von überlebten Großmachtvorstellungen in Erinnerung an den – auch nicht richtig gedeuteten – Ausgang des Ersten Weltkrieges zu einer realistischeren Einschätzung erfolgte erst ganz allmählich, im Falle Englands erst unter dem Eindruck des Schocks des französischen Zusammenbruchs im Sommer 1940.

Herr Lausberg: In der Phase 1939–1940 wurden in den Plänen der Alliierten offensichtlich noch die Maßstäbe von 1918 angewendet. Das hat seinen analogen Grund wohl darin, daß auch die Sowjetunion selbst in den Jahren 1939–1940 noch die eigenen Bürgerkriegsmaßstäbe der Jahre 1917 bis 1920 (sowie die des Polenfeldzuges 1920) für gültig hält: Eben dies wird Gegenstand einer Stabsbesprechung bei Stalin 1940 nach Ende des Finnland-Krieges. In den Jahren 1939–1940 kann man offenbar beiderseits – trotz der bestürzenden Erfahrungen des Polenfeldzugs 1939 – noch nicht in wirklich weltpolitischen Maßstäben denken.

Herr Kahle: Herr Lausberg, Sie spielten jetzt auf die Beratungen im Kreml vom 14. bis 17. April 1940 an, also auf die Abschlußberatungen über die Ergebnisse des Finnlandkrieges.

Es hat eine sehr harte Kritik gegeben, wobei man offensichtlich bei dieser Stabsbesprechung Konsequenzen gezogen hat. Das unterliegt keinem Zweifel.

Sie dürfen aber auch nicht verkennen, daß die Sowjetunion – ich habe das eingangs anzudeuten versucht – nur die Streitkräfte – und die noch nicht einmal voll – eines einzigen Militärbezirks, nämlich des Leningrader Militärbezirks, eingesetzt hat.

Hier liefen zugleich militärische und politische Überlegungen nebeneinander. Man hoffte, in Finnland politisch wieder eine Situation heraufbeschwören zu können, wie sie 1918 vorhanden war, also eine Spaltung der Nation, und glaubte, mit dem Erfolg dieses Versuches auch militärisch ein leichtes Spiel zu haben.

Wir stehen also hier vor der Verquickung von zwei Standpunkten, die dann schließlich zu einem vorübergehenden Mißerfolg der eingesetzten Teilstreitkräfte führte. Als die Russen dann – um es einmal etwas einfach auszudrücken – Ernst machten, zeigte sich schnell ihre militärische Überlegenheit.

Herr Hillgruber: Es bestand auf sowjetischer Seite die falsche politische Prämisse, daß sich die finnischen Sozialdemokraten wie 1918 gegen die „bürgerlichen“ Kräfte wenden würden und die Rote Armee nur einen kleinen Flankenstoß auszuführen habe, um die schon im Umsturz begriffene Entwicklung in Finnland zum Abschluß zu führen.

Diese politische Fehleinschätzung der sowjetischen Seite hat dann andere auf deutscher und westlicher Seite zur Folge gehabt. Die Fehldeutung einiger Niederlagen der Roten Armee im finnischen Winterkrieg hatte schwerwiegende Konsequenzen, weil man sich sowohl auf deutscher Seite als auch auf alliierter Seite nicht klarmachte, worin sie begründet lagen.

Herr Braubach: Ich erinnere mich noch sehr genau, wie ich als Angehöriger des Stabes des Militärbefehlshabers Frankreich 1940/41 von dem Aktenfund in La Charité erfuhr und dann auch seine Veröffentlichung in den Weißbüchern des Auswärtigen Amtes in die Hand bekam. Als ich das Heft mit den Enthüllungen über das Kaukasusunternehmen las, habe ich zunächst an eine deutsche Fälschung geglaubt, da mir dies Projekt zu phantastisch und unrealistisch schien. Wie konnte man annehmen, mit 90 000 oder auch 150 000 Mann von Syrien aus ein Landungsunternehmen in Baku durchführen zu können? Nun, es kann kein Zweifel sein, daß die westlichen Verbündeten tatsächlich ernsthaft diese Pläne aufgestellt und verfolgt haben. Erstaunlicher als die abenteuerlichen Überlegungen der Militärs scheint mir der Optimismus der Politiker. Freilich hat ja inzwischen das Buch von Max Jakobson über die Diplomatie im finnischen Winterkrieg gezeigt, wie falsch man im westlichen Lager die Politik der neutralen Staaten, in diesem Fall Schwedens, einschätzte. Ist man nicht auch hinsichtlich der Türkei von falschen Voraussetzungen ausgegangen? Jedenfalls halte ich die scharfe Kritik General Chassins an diesem Versuch, ohne Rücksicht auf die bevorstehende deutsche Offensive im Westen und auf die Reaktion Rußlands eine Entscheidung des Krieges gewissermaßen hinten herum herbeizuführen, für durchaus berechtigt.

Herr Kahle: Es scheint so zu sein – viele Fragen sind, wie gesagt, noch offen –, daß die Bedenken auf seiten der Militärs größer waren. Nehmen wir in diesem Zusammenhang einmal Chassin, der die Möglichkeit gehabt hat, mit vielen Offizieren der Armee und der Luftwaffe darüber zu sprechen. Chassin – und das ist interessant; wir finden es bedauerlicherweise in diesem Falle nicht bei einem Historiker, sondern bei einem Soldaten – sieht zuerst und vor allem die Tatsache – wenn auch rückwirkend, zugegeben, aber das tun wir Historiker ja auch –, daß hier ein Angriff auf ein neutrales Land geplant wird.

Er schreibt: „Gewiß, die Russen waren die Alliierten der Deutschen." 1945, so sagt er weiter, gab es einen ähnlichen Angriff der UdSSR auf Japan, aber die Situation von 1945 war nicht mit der von 1939/40 zu vergleichen. Mit einer möglichen russischen Reaktion scheint sich niemand beschäftigt zu haben, was, wie er sagt, kein Kompliment für die westlichen Politiker ist.

Mehr noch: Bis zum Ende – wenn ich sage „ bis zum Ende", dann meine ich für Frankreich den Mai 1940 und für England den Juni 1941 – beschäftigten sich die jeweiligen Oberkommandos, immer mit Billigung der Politiker, mit der Verwirklichung dieses, wie Chassin sagt, Zauberkunststücks, dieser „opération magique", „die den Verlauf des Krieges ändern könnte". Er meint es hier wohl ironisch.

Im Gegensatz zur Meinung zahlreicher englischer und französischer Offiziere scheinen die Regierungen der beiden Länder einen Kriegseintritt der UdSSR als Folge der Bombardierung der Erdölgebiete nicht befürchtet zu haben. Dagegen erwarteten die Offiziere des Troisième Bureau zumindest Gegenmaßnahmen der sowjetischen Luftwaffe auf die Levante.

Hier scheint mir folgender Satz Chassins entscheidend zu sein: Ihre Überlegungen sind jedoch weder in Paris noch in London irgendwie festgehalten worden.

Soviel zustimmend zu dem, was Sie sagten.

Herr Hillgruber: Ich möchte feststellen, daß gerade die französischen Politiker die Konzentration der deutschen Kräfte an ihrer Ostgrenze im Herbst 1939 sehr ernstgenommen haben. Alle ihre Überlegungen gingen davon aus, daß man der drohenden deutschen Offensive dadurch begegnen müßte, daß man Nebenkriegsschauplätze in Nordeuropa und vor allem auf dem Balkan eröffnete.

Es ist jetzt durch den Vortrag von Herrn Kahle sehr stark die spezielle Variante des geplanten Kaukasusangriffs in den Vordergrund gerückt worden. Dieser muß jedoch in die allgemeine Strategie der Alliierten eingeordnet werden, Nebenkriegsschauplätze zur Verzettelung der deutschen Kräfte aufzurichten. Nur so gewinnt das Ganze einen Sinn. Man rechnete auf alliierter Seite, daß die Deutschen dann gezwungen wären, entsprechende Kräfte nach Schweden/Norwegen und auf den Balkan zu entsenden. Folglich würde die deutsche Offensive im Westen im Frühjahr 1940 unmöglich sein. Das ist die „Ratio" der Nord- und Südpläne.

Die Planungen in bezug auf den Kaukasusraum ordnen sich – sicher nicht ganz sachlogisch – dort mit ein. Man würde allerdings die Proportionen verschieben, wenn man zu einseitig die Kaukasusoperation in den Vordergrund rückte und von dorther die „Irrealität" des Ganzen aufrollte.

Es ist – wie gesagt – zumindest partiell eine „Ratio" vorhanden: Es galt, den erwarteten Ansturm der Deutschen gegen Frankreich nach Möglichkeit durch Verzettelung der deutschen Kräfte zu verhindern oder zumindest hinauszuschieben.

Herr Hofmann: Hier schließt sich wegen des Kriegsschauplatzes im Norden meine Frage an.

Wußte man damals in Deutschland, daß England und Frankreich Vorbereitungen für eine Besetzung Norwegens trafen? Oder ist der deutsche Entschluß, der schon im Februar gefaßt war, weil schon zu diesem Zeitpunkt die Divisionen aus der Westfront abgezogen und nach Pommern/Mecklenburg verlegt wurden, um auf die Besetzung von Norwegen vorbereitet zu werden, völlig unabhängig davon zu sehen? Ist vielleicht diese Kriegsausweitung im deutschen Interesse, nämlich ein Gegengewicht gegen die englische Blockade zu schaffen, zu sehen?

Herr Kahle: Es ist natürlich für mich sehr schwierig zu beantworten, ob man davon wußte, weil das eine sehr präzise Antwort erfordert. Es deutet sehr vieles darauf hin, wie ja auch in Moskau vor dem Bekanntwerden der von mir angeführten Dokumente bereits der Verdacht bestand – zumindest der Verdacht –, daß das Kaukasusgebiet angegriffen werden könnte.

Nach einer Auskunft des Deuxième Bureau, die an General Weygand weitergeleitet wurde, hat man damals zum Beispiel amerikanische Ölexperten konsultiert.

Inwieweit man nun davon wußte? Herr Hillgruber, vielleicht können Sie etwas dazu sagen. Wissen ist dabei natürlich ein schwieriges Wort.

Herr Hillgruber: Für Deutschland war die Verbindung zu den schwedischen Erzen eine lebenswichtige Angelegenheit. Sehr früh ist auf deutscher Seite bekanntgeworden, daß britische Pläne für ein Eingreifen in Nordskandinavien bestanden.

Unabhängig davon hat aber der Großadmiral Raeder schon am 10. Oktober 1939 Hitler gegenüber die Bedeutung Norwegens als Basis für eine wirksame deutsche Seekriegführung gegen England erwähnt, so daß sich auch auf deutscher Seite offensive Überlegungen mit den mehr defensiven verbanden.

Im übrigen verweise ich auf das Buch von Walther Hubatsch „Weserübung“. Die deutsche Besetzung in Dänemark und Norwegen 1940. Göttingen 1960, der im einzelnen eine Parallelität der britisch-französischen Planungen und der deutschen Planungen zur Besetzung Norwegens bzw. zur Sicherung der schwedischen Erzzufuhren nachweist, wobei Agenten hüben wie drüben über die Vorbereitungen berichteten. Dabei ist immer zu berücksichtigen, daß es bei Auswertung von Agentenmeldungen Sache der politischen oder militärischen Führung ist, das Gewicht dieser Meldungen zu bestimmen.

Herr Heissig: Es scheint mir, daß eine Frage doch ein wenig offenblieb. Wir hörten von den Presseveröffentlichungen und dem Weißbuch.

Mir stellt sich nun die Frage: Wie hart haben sich diese Veröffentlichungen in der Türkei, bei den neutralen Völkern, als bei den direkt angesprochenen ausgewirkt?

Herr Kahle: Die Türkei geriet durch die Veröffentlichungen der Deutschen, die die türkische Regierung wirklich belasteten, gegenüber der Sowjetunion in eine außerordentlich schwierige Lage. Es haben damals – ich zitiere die etwas ironische Bemerkung – pausenlos „Verbeugungen von Ankara nach Moskau“ stattgefunden. Es gab sowohl von türkischer Seite als auch von seiten des französischen Botschafters abweichende Kommentare. Das türkisch-sowjetische Verhältnis ist dadurch zweifellos einer sehr starken Belastung unterzogen worden. Das ist auch in deutschen Schriften, so zum Beispiel von Krecker, untersucht worden.

Hinsichtlich der späteren russisch-türkischen Beziehungen haben diese Vorgänge keine entscheidenden Nachwirkungen gehabt. Doch ging sehr deutlich aus alledem hervor – ich habe das auch angeführt –, daß die türkische Regierung sehr daran interessiert war, die Sowjetunion, in welcher Form auch immer, zu schwächen, seien es nun die Alliierten, die die Sowjetunion schwächten oder sei es die deutsche Seite; für die Türken blieb sich dies im wesentlichen gleich.

Der von mir angeführte Außenminister Saraçoğlu, der, glaube ich, 1941 oder 1942 Premierminister wurde . . .

Herr Hillgruber: 1942.

Herr Kahle: Ja, 1942, – . . . hat damals dem deutschen Botschafter gegenüber erklärt – ich zitiere jetzt nicht von Papens Der Wahrheit eine Gasse, weil man damit vielleicht schlecht beraten wäre, sondern aus den deutschen Akten –, daß „die Vernichtung“ – ich zitiere ihn wörtlich vom August 1942 – „Rußlands eine Heldentat des Führers sei wie sie gleichermaßen nur einmal in 100 Jahren vollbracht werden könne“, und daß „das russische Problem von Deutschland nur gelöst werden könne, wenn mindestens die Hälfte aller in Rußland lebenden Russen getötet würde“.

Dies spricht nicht gerade für die Aufrichtigkeit der Verbeugungen Ankara–Moskau. Ich glaube, daß Herr Hillgruber das ergänzen möchte.

Herr Hillgruber: Ich wollte noch auf eine spezielle Frage antworten.

Gerade der Zusammenfall der französischen Kapitulation und der Veröffentlichung dieser Dokumente erzwang eine Umorientierung der türkischen Politik (die, wie Herr Kahle richtig sagte, prinzipiell immer in Frontstellung gegen Rußland stand: weg von einer Anlehnung an den britisch-französischen Block, hin zu Hitler-Deutschland).

Es ist sehr interessant zu verfolgen, wie dann über die Zwischenetappe der Hitler-Molotow-Besprechungen (November 1940), in denen Molotow sowjetische Stützpunkte an den Dardanellen und am Bosporus forderte, und über die Mitteilung dieser Forderungen durch Hitler an die türkische Regierung der deutsch-türkische Freundschaftspakt vorbereitet wurde, der (18. 6. 1941) wenige Tage vor Beginn des deutschen Angriffs auf die Sowjetunion als Vorbereitung für ein völliges Hinüberschwenken der Türkei zu Deutschland hinüber gedacht war. Allerdings waren die türkischen Staatsmänner so klug, erst dann eine Entscheidung über einen Eintritt in den Krieg gegen Rußland zu treffen, wenn sich dessen Niederlage eindeutig abzeichnete.

Herr v. Petrikovits: Nachträglich scheint mir die militärische Kritik am alliierten Kaukasusprojekt vom Jahre 1940 berechtigt zu sein, denn man kann es heute eigentlich gar nicht fassen, daß in ihm je bekannter Fabrik nur etwa eine halbe Tonne Bomben veranschlagt wurde. Dabei setzte man erstens voraus, daß alle Bomber ankamen, und zweitens, daß alle Bomben auch wirklich die Ziele trafen, was bei einer gewissen Abwehr, mit der, wie Sie angeführt haben, auch die Alliierten rechneten, nicht vorauszusetzen war. Selbst wenn es keine Abwehr gab, durfte man nicht mit dem optimalen Effekt je Fabrik rechnen. In dem Kalkül waren noch dazu die Hafenanlagen nicht berücksichtigt. Hinzu kommt, daß zu diesem Zeitpunkt die Flächenwürfe, die die amerikanische Luftwaffe später durch das optische Abstecken der Zielflächen vervollkommnet hat, noch gar nicht entwickelt waren. Ich verstehe nicht, wie sich in Luftwaffenfragen erfahrene Offiziere vom Abwurf so geringer Bombenmengen auf die Erdölanlagen einen nennenswerten Erfolg versprachen. Man konnte allenfalls einen Propagandaschock erwarten, aber keinesfalls ein Zerschlagen der sowjetischen Erdölindustrie oder gar ein Aushungern ganzer Distrikte der Sowjetunion. Rein militärisch scheint mir also der alliierte Plan recht phantastisch gewesen zu sein. Ich kann deshalb nicht verstehen, daß er realiter vom alliierten Generalstab angenommen wurde.

Herr Kahle: Ich habe es bisher vermieden, Sie mit irgendwelchen militärischen Einzelheiten zu langweilen. Diese Pläne waren selbstverständlich bis in die Einzelheiten ausgearbeitet.

Wenn ich Ihnen jetzt Zahlen nenne, dann will ich mich auch nur auf drei

Minuten beschränken, damit ich hier keine Langeweile verbreite. Vorgesehen wurde der Abwurf von 50-kg-Bomben. Die Abweichung beim Zielwurf auf die Objekte wurde mit maximal 50 m berechnet. Dem lag eine völlige Fehleinschätzung zugrunde, wie sich dann in den Jahren 1940, 1941 und 1942 bei den alliierten Bombenflügen auf Deutschland herausstellte, als die Abweichungen bei Zielanflügen im Durchschnitt 1 bis 1,5 km betrugen. Ich will damit nur sagen, welche Zahlen zugrunde lagen.

Man hat ferner in Frankreich und in England von Erdölfachleuten Studien erarbeiten lassen. Einer davon war Ingenieur Wenger, der einen deutschen Namen trug, aber Franzose war. Wenger war 1939 in Rumänien und hatte dort in diesem Sinne die Ölfelder getestet. Er stand auf dem Standpunkt – übrigens auch die von den Russen konsultierten amerikanischen Experten –, daß eine Inbrandsetzung der Ölfelder – der Boden ist völlig mit Erdöl durchtränkt – nicht ohne weiteres einzudämmen sei und auch zu einer Zerstörung der Lager führen werde.

Die Franzosen hatten berechnet, daß der Wiederaufbau der Erdölindustrie einige Jahre in Anspruch nehmen würde, wobei der Berechnung der Fachleute – ich bin kein Fachmann in Erdölfragen und kann mich nur darauf berufen – eine Arbeitszeit von drei Monaten für ein Bohrloch und von zwölf Monaten für eine Raffinerie zugrunde lag. Soviel zu den Zahlen, die man jetzt natürlich beliebig erweitern könnte, aber dann müßte man in die Einzelheiten gehen.

Über die Berechnungen, die angestellt wurden, könnte man jetzt natürlich stundenlang diskutieren. Das wäre aber eine reine Fachdiskussion für Luftwaffenspezialisten. Das sollten wir hier vielleicht unterlassen.

Herr Hillgruber: Ich möchte betonen, daß man sich nicht so sehr auf die rein militärischen Wirkungen der geplanten Luftangriffe auf Baku und Batum konzentrieren, vielmehr den erwarteten politischen Effekt mit in Rechnung stellen sollte. Auf britisch-französischer Seite ging man davon aus, daß sich die Kaukasusvölker, die erst nach schweren Kämpfen Anfang der zwanziger Jahre in die Sowjetunion eingefügt werden konnten, erheben und dann die Türkei mit großturanischen Tendenzen eine Rolle in diesem Raum spielen würde. Es sollte somit, ausgelöst durch die militärischen Schläge gegen Baku eine Art politischer Lawineneffekt in Gang gesetzt werden, der eine grundlegende politische Veränderung in diesem weiten Raum, aber auch für die ganze weitere Kriegführung, hätte bewirken können.

Nur wenn man diese erwarteten Konsequenzen mit berücksichtigt, tritt die Bedeutung des Kaukasusprojekts richtig heraus. Es geht nicht in erster Linie um die Frage, welche Flugzeuge welche Raffinerie für welche Zeit zerstören könnten, sondern, wenn die Aktion erst einmal begann, dann sollte eine große politische Bewegung einsetzen.

Herr Krebs: Ich habe Ihnen eine methodische Frage vorzulegen.

Sie haben uns die Geschichte dieses Projektes vorgetragen, und schon bei der ersten Bekanntgabe dieses Projektes hat es auf viele sehr phantastisch gewirkt. Auch bei der heutigen Aussprache ist immer wieder zum Ausdruck gekommen, daß viele der Ansicht sind, daß dieses Projekt phantastisch gewesen ist.

Auf der anderen Seite haben Sie immer wieder darauf hingewiesen, daß es durchaus ein reales Projekt gewesen sei, wobei Herr Hillgruber darauf aufmerksam machte, daß auch eine Ratio darin liege.

Nun meine Frage: Welche Möglichkeiten, glauben Sie, hat die Geschichtswissenschaft, um die Realität von Projekten, die Möglichkeit von Möglichkeiten festzustellen? Im allgemeinen berichtet der Historiker über das, was geschehen ist, und versucht, die Bedeutung zu erfassen. Ein Projekt – das liegt im Wesen des Projektes – ist nicht verwirklicht worden. Wenn es aber nicht verwirklicht worden ist, dann erscheint es phantastisch und irreal.

Ich wiederhole meine Frage: Welche Möglichkeit hat der Historiker, historische Alternativen in ihrer Möglichkeit zu erfassen?

Herr Kahle: Herr Krebs, darauf möchte ich antworten – das klingt jetzt fast wie eine Binsenweisheit –, daß der Historiker zuerst einmal die Projekte kennen muß, um unter Zusammenfassung der Projekte historische Alternativen aufbauen zu können.

Ich habe nicht umsonst gesagt, daß dieses Projekt – und es dürfte noch einige andere geben – von der Geschichtswissenschaft sehr unzureichend berücksichtigt worden ist. So lange die Projekte nicht berücksichtigt werden, fehlt jede Grundlage zu einem Alternativschluß.

Habe ich Ihre Frage damit beantwortet?

Herr Krebs: Weshalb beschäftigt sich aber dann der Historiker mit einem phantastischen Projekt oder mit einem phantastisch wirkenden Projekt?

Herr Kahle: Weil es doch mitunter Historiker gibt, die dazu neigen könnten – auch hier drücke ich mich vielleicht zu vorsichtig aus –, den Ablauf der Dinge – das sagte ich schon am Schluß meines Vortrages – unter einer fast zwangsläufigen Notwendigkeit zu sehen. Und ganz genau das trifft eben nicht zu.

Wir werden sehr viel auch aus Projekten lernen können zum Verständnis des tatsächlichen Ablaufs. Herr Hillgruber hat das vorhin angedeutet. Jeder Sextaner ist heute natürlich sehr viel klüger als alle Militärspezialisten des Jahres 1940, einfach aus dem Grunde, weil er weiß, wie es gekommen ist.

Unsere Aufgabe sehe ich vielleicht weniger darin nur festzuhalten, wie es gekommen ist, sondern unsere Aufgabe besteht doch zu einem großen Teil auch darin festzuhalten, warum es so gekommen ist, und dazu gehören eben auch diese Fragen.

Herr Wagner: Wenn soeben der phantastische Charakter des Kaukasusprojektes hervorgehoben wurde, der es als reine militärische Spekulation ohne die geringste Chance der Verwirklichung erscheinen lassen könnte, so möchte ich auf einen Plan hinweisen, der noch weit unglaublicher anmutet und dennoch in die Tat umgesetzt wurde: Gemeint ist der japanische Überraschungsangriff auf Pearl Harbor. Dieses Vorhaben erscheint im Rückblick deshalb so phantastisch, weil nach dem japanischen Konzept einem Angriff gegen eine – wenn auch nicht unwichtige – Teilstreitmacht des Feindes auf absehbare Zeit keine weiteren Schläge gegen die militärischen und wirtschaftlichen Ressourcen des Gegners in seinem Kernland folgen sollten und konnten.

In diesem Zusammenhang ist es nicht uninteressant, einen bedeutsamen Unterschied im militärstrategischen Denken der Alliierten, dem sich insoweit auch Japan angeschlossen hatte, und Deutschlands festzuhalten. Die deutsche Strategie zielte in der Nachfolge von Clausewitz und Schlieffen auf die militärische Ausschaltung des Gegners, in ihrer klassischen Form verwirklicht in der Umfassungsschlacht. Die alliierte Kriegführung bevorzugte demgegenüber eher das erschöpfende Niederringen des Feindes, das sich auch punktuell durchführen ließ. Historische Beispiele dafür bieten etwa die Belagerung von Sewastopol im Krimkrieg oder die Landung an den Dardanellen im Ersten Weltkrieg. Diese Beispiele können vielleicht auch zu einer gerechteren Einschätzung des Kaukasusprojektes führen, obwohl dieser Plan weniger die rein militärischen als vielmehr die wirtschaftlichen Implikationen ins Auge faßte, die sich jedoch in einem modernen Krieg kaum trennen lassen.

Herr Hillgruber: Ich wollte noch einmal zu dem Gesichtspunkt der Alternativen zurückschalten.

Ein Gesichtspunkt ist schon sehr stark betont worden. Er ging von dem Erfahrungshorizont der Handelnden, in diesem Falle der alliierten Staatsmänner und Militärs, aus, die damals die von ihnen realiter erwogenen strategischen Alternativen herausarbeiteten. Dies nachzuvollziehen ist die erste Aufgabe des Historikers.

Ich würde aber eine zweite hinzunehmen, die darüber hinausgeht. Herr Kahle deutete in seiner Schlußbemerkung an, daß wir aus dem Vorgetragenen die Konsequenzen ziehen müßten, daß in der ersten Phase des Krieges, zumindest bis 1941, durchaus andere Mächtekonstellationen möglich waren, so etwa ein Zusammengehen Deutschlands mit der Sowjetunion gegen die Westmächte, also nicht nur die große Koalition gegen das Deutsche Reich, wie sie dann ab 1941 verwirklicht wurde.

Ich glaube, daß man diese beiden Ebenen in der historischen Analyse unterscheiden muß. Die eine Ebene ist direkt aus den Quellen zu erschließen, und es ist die Aufgabe des Historikers, den Realitätsgrad der Erwägungen, der Alternativen festzustellen, während die andere (mögliche Auswirkung auf Bündniskombinationen und Kriegsverlauf) dann eine weitergehende Interpretation mit Schlußfolgerungen und Reflexionen darstellt.

Herr Lausberg: Man könnte dem Beitrag von Herrn Wagner hinsichtlich des Dardanellen-Unternehmens noch hinzufügen, daß die Franzosen und Engländer im Jahre 1956 in Ägypten eine Aktion gestartet haben, die zwar vordergründig-militärisch keine Schwierigkeiten machte, die aber unabsehbare weltpolitische und weltmilitärische Gefahren heraufbeschwor. Dies Unternehmen war also ein militärisches Generalstabsspiel für Examenskandidaten, das als Spiel didaktischer Planung nunmehr in eine Wirklichkeit umgesetzt wurde, die anderen Maßstäben (USA, Sowjetunion) gehorchte.

Die extreme Hinauszögerung der alliierten Landung in der Normandie (1944) ist offenbar zu verstehen aus der amerikanischen Abneigung gegen Spiel-Abenteuer: Das Unternehmen sollte weltmilitärisch endgültig haltbar sein.

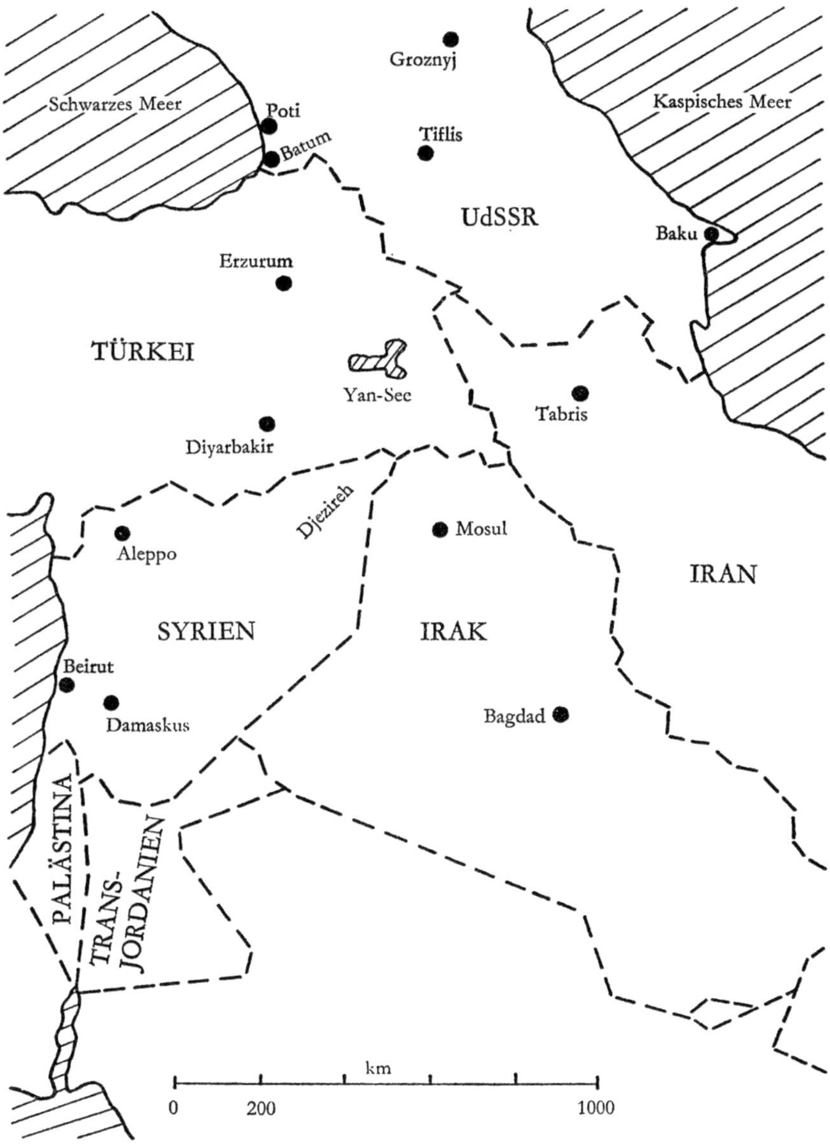
Groznyj
Schwarzes Meer
Poti
Batum
Tiflis
Kaspisches Meer
UdSSR
Baku
Erzurum
TÜRKEI
Yan-Sec
Tabris
Diyarbakir
Djezireh
Mosul
Aleppo
IRAN
SYRIEN
IRAK
Beirut
Damaskus
Bagdad
PALÄSTINA
TRANS-
JORDANIEN
km
0
200
1000

Veröffentlichungen
der Arbeitsgemeinschaft für Forschung des Landes Nordrhein-Westfalen
jetzt der Rheinisch-Westfälischen Akademie der Wissenschaften

Neuerscheinungen 1965 bis 1973

Vorträge G *Heft Nr.*		GEISTESWISSENSCHAFTEN
61	*Ulrich Scheuner, Bonn*	Die Neutralität im heutigen Völkerrecht
101	*Ivor Jennings†, Cambridge (England)*	Die Umwandlung von Geschichte in Gesetz
120	*Eleanor von Erdberg-Consten, Aachen*	Kunst und Religion in Indien, China und Japan
122	*Franz Wieacker, Göttingen*	Zum heutigen Stand der Naturrechtsdiskussion
123	*Bernhard Kötting, Münster*	Der frühchristliche Reliquienkult und die Bestattung im Kirchengebäude
124	*Günther Stökl, Köln*	Das Bild des Abendlandes in den altrussischen Chroniken
125	*Joseph Höffner, Münster*	Selbstverständnis und Perspektiven des Zweiten Vatikanischen Konzils
126	*Jost Trier†, Münster*	Wortgeschichten aus alten Gemeinden
127	*Herbert Dieckmann, Cambridge (USA)*	Die künstlerische Form des Rêve de D'Alembert
128	*Hans Welzel, Bonn*	An den Grenzen des Rechts. Die Frage nach der Rechtsgeltung
129	*Paul Mikat, Düsseldorf*	Das Verhältnis von Kirche und Staat im Lande Nordrhein-Westfalen in Geschichte und Gegenwart
130	*Ernst Langlotz, Bonn*	Die kulturelle und künstlerische Hellenisierung der Küsten des Mittelmeers durch die Stadt Phokaia
131	*Harry Westermann, Münster*	Das Verhältnis zwischen Bergbau und öffentlichen Verkehrsanstalten als Gegenstand richterlicher und gesetzgeberischer Bewertung
132	*Werner Schulemann, Bonn*	Die Kunst Zentralasiens als Ausdrucksform religiösen Denkens
	Walther Heissig, Bonn	Tibet und die Mongolei als literarische Provinzen
133	*Tilemann Grimm, Bochum*	China und Südostasien in Geschichte und Gegenwart
134	*Peter Berghaus und Karl Schneider, Münster*	Anglo-friesische Runensolidi im Lichte des Neufundes von Schweindorf (Ostfriesland)
135	*Benno von Wiese, Bonn*	Goethe und Schiller im wechselseitigen Vor-Urteil
136	*Gotthard Günther, University of Illinois (USA)*	Logik, Zeit, Emanation und Evolution
137	*Karl Heinrich Rengstorf, Münster*	Die Re-Investitur des Verlorenen Sohnes in der Gleichniserzählung Jesu Luk. 15, 11-32
138	*Gerhard Gloege†, Bonn*	Die Todesstrafe als theologisches Problem
139	*Joseph Ratzinger, Tübingen*	Das Problem der Dogmengeschichte in der Sicht der katholischen Theologie
140	*Herbert von Einem, Bonn*	Masaccios „Zinsgroschen“
141	*Karl Gustav Fellerer, Köln*	Klang und Struktur in der abendländischen Musik
142	*Joh. Leo Weisgerber, Bonn*	Die Sprachgemeinschaft als Gegenstand sprachwissenschaftlicher Forschung
143	*Wilhelm Ebel, Göttingen*	Lübisches Recht im Ostseeraum
144	*Albrecht Dihle, Köln*	Der Kanon der zwei Tugenden
145	*Heinz-Dietrich Wendland, Münster*	Die Ökumenische Bewegung und das II. Vatikanische Konzil

146	*Hubert Jedin, Bonn*	Vaticanum II und Tridentinum
147	*Helmut Schelsky, Münster*	Schwerpunktbildung der Forschung in einem Lande
	Ludwig E. Feinendegen, Jülich	Forschungszusammenarbeit benachbarter Disziplinen am Beispiel der Lebenswissenschaften in ihrem Zusammenhang mit dem Atomgebiet
148	*Herbert von Einem, Bonn*	Die Tragödie der Karlsfresken Alfred Rethels
149	*Carl A. Willemsen, Bonn*	Die Bauten der Hohenstaufen in Süditalien. Neue Grabungs- und Forschungsergebnisse
150	*Hans Flasche, Hamburg*	Die Struktur des Auto Sacramental „Los Encantos de la Culpa" von Calderón Antiker Mythos in christlicher Umprägung
151	*Joseph Henninger, Bonn*	Über Lebensraum und Lebensformen der Frühsemiten
152	*François Seydoux de Clausonne, Bonn*	Betrachtungen über die deutsch-französischen Beziehungen von Briand bis de Gaulle
153	*Günter Kahle, Köln*	Bartolomé de las Casas
154	*Johannes Holthusen, Bochum*	Prinzipien der Komposition und des Erzählens bei Dostojevskij
155	*Paul Mikat, Düsseldorf*	Die Bedeutung der Begriffe Stasis und Aponoia für das Verständnis des 1. Clemensbriefes
156	*Dieter Nörr, Münster*	Die Entstehung der *longi temporis praescriptio.* Studien zum Einfluß der Zeit im Recht und zur Rechtspolitik in der Kaiserzeit
157	*Theodor Schieder, Köln*	Zum Problem des Staatenpluralismus in der modernen Welt
158	*Ludwig Landgrebe, Köln*	Über einige Grundfragen der Philosophie der Politik
159	*Hans Erich Stier, Münster*	Die geschichtliche Bedeutung des Hellenennamens
160	*Friedrich Halstenberg, Düsseldorf*	Nordrhein-Westfalen im nordwesteuropäischen Raum: Aufgaben und Probleme gemeinsamer Planung und Entwicklung
161	*Wilhelm Hennis, Freiburg i. Br.*	Demokratisierung — Zur Problematik eines Begriffs
162	*Günter Stratenwerth, Basel*	Leitprinzipien der Strafrechtsreform
	Hans Schulz, Bern	Kriminalpolitische Aspekte der Strafrechtsreform
163	*Rüdiger Schott, Münster*	Aus Leben und Dichtung eines westafrikanischen Bauernvolkes — Ergebnisse völkerkundlicher Forschungen bei den Bulsa in Nord-Ghana 1966/67
164	*Arno Esch, Bonn*	James Joyce und sein *Ulysses*
165	*Edward J. M. Kroker, Königstein*	Die Strafe im chinesischen Recht
166	*Max Braubach, Bonn*	Beethovens Abschied von Bonn
167	*Erich Dinkler, Heidelberg*	Der Einzug in Jerusalem. Ikonographische Untersuchungen im Anschluß an ein bisher unbekanntes Sarkophagfragment Mit einem epigraphischen Beitrag von Hugo Brandenburg
168	*Gustaf Wingren, Lund*	Martin Luther in zwei Funktionen
169	*Herbert von Einem, Bonn*	Das Programm der Stanza della Segnatura im Vatikan
170	*Hans-Georg Gadamer, Heidelberg*	Die Begriffsgeschichte und die Sprache der Philosophie
171	*Theodor Kraus, Köln*	Die Gemeinde und ihr Territorium — Fünf Gemeinden der Niederrheinlande in geographischer Sicht
172	*Ernst Langlotz, Bonn*	Der architekturgeschichtliche Ursprung der christlichen Basilika
173	*Hermann Conrad †, Bonn*	Staatsgedanke und Staatspraxis des aufgeklärten Absolutismus Jahresfeier am 10. Mai 1971
174	*Tilemann Grimm, Bochum*	Chinas Traditionen im Umbruch der Zeit
175	*Hans Erich Stier, Münster*	Der Untergang der klassischen Demokratie
176	*Heinz-Dietrich Wendland, Münster*	Die Krisis der Volkskirche — Zerfall oder Gestaltwandel?
177	*Gerhard Kegel, Köln*	Zur Schenkung von Todes wegen
178	*Theodor Schieder, Köln*	Hermann Rauschnings „Gespräche mit Hitler" als Geschichtsquelle
179	*Friedrich Nowakowski, Innsbruck*	Probleme der österreichischen Strafrechtsreform
180	*Karl Gustav Fellerer, Köln*	Der Stilwandel in der abendländischen Musik um 1600
181	*Georg Kauffmann, Münster*	Michelangelo und das Problem der Säkularisation
182	*Harry Westermann, Münster*	Freiheit des Unternehmers und des Grundeigentümers und ihre Pflichtenbindungen im öffentlichen Interesse nach dem Referentenentwurf eines Bundesberggesetzes
183	*Ernst-Wolfgang Böckenförde, Bielefeld*	Die verfassungstheoretische Unterscheidung von Staat und Gesellschaft als Bedingung der individuellen Freiheit
184	*Kurt Bittel, Berlin*	Archäologische Forschungsprobleme zur Frühgeschichte Kleinasiens
186	*Günter Kahle, Köln*	Das Kaukasusprojekt der Alliierten vom Jahre 1940

ABHANDLUNGEN

Band Nr.		
9	*Harry Westermann, Münster*	Welche gesetzlichen Maßnahmen zur Luftreinhaltung und zur Verbesserung des Nachbarrechts sind erforderlich?
10	*Hermann Conrad † und Gerd Kleinheyer, Bonn*	Vorträge über Recht und Staat von Carl Gottlieb Svarez (1746–1798)
11	*Georg Schreiber †, Münster*	Die Wochentage im Erlebnis der Ostkirche und des christlichen Abendlandes
12	*Günther Bandmann, Bonn*	Melancholie und Musik. Ikonographische Studien
13	*Wilhelm Goerdt, Münster*	Fragen der Philosophie. Ein Materialbeitrag zur Erforschung der Sowjetphilosophie im Spiegel der Zeitschrift „Voprosy Filosofii" 1947–1956
14	*Anton Moortgat, Berlin*	Tell Chuēra in Nordost-Syrien. Vorläufiger Bericht über die Grabung 1958
15	*Gerd Dicke, Krefeld*	Der Identitätsgedanke bei Feuerbach und Marx
16a	*Helmut Gipper, Bonn, und Hans Schwarz, Münster*	Bibliographisches Handbuch zur Sprachinhaltsforschung, Teil I Schrifttum zur Sprachinhaltsforschung in alphabetischer Folge nach Verfassern — mit Besprechungen und Inhaltshinweisen (Erscheint in Lieferungen: bisher Bd. I, Lfg. 1–7; und Bd. II, Lfg. 8–16)
17	*Thea Buyken, Bonn*	Das römische Recht in den Constitutionen von Melfi
18	*Lee E. Farr, Brookhaven, Hugo Wilhelm Knipping, Köln, und William H. Lewis, New York*	Nuklearmedizin in der Klinik. Symposion in Köln und Jülich unter besonderer Berücksichtigung der Krebs- und Kreislaufkrankheiten
19	*Hans Schwippert, Düsseldorf, Volker Aschoff, Aachen, u. a.*	Das Karl-Arnold-Haus. Haus der Wissenschaften der Arbeitsgemeinschaft für Forschung des Landes Nordrhein-Westfalen in Düsseldorf. Planungs- und Bauberichte (Herausgegeben von Leo Brandt †, Düsseldorf)
20	*Theodor Schieder, Köln*	Das deutsche Kaiserreich von 1871 als Nationalstaat
21	*Georg Schreiber †, Münster*	Der Bergbau in Geschichte, Ethos und Sakralkultur
22	*Max Braubach, Bonn*	Die Geheimdiplomatie des Prinzen Eugen von Savoyen
23	*Walter F. Schirmer, Bonn, und Ulrich Broich, Göttingen*	Studien zum literarischen Patronat im England des 12. Jahrhunderts
24	*Anton Moortgat, Berlin*	Tell Chuēra in Nordost-Syrien. Vorläufiger Bericht über die dritte Grabungskampagne 1960
25	*Margarete Newels, Bonn*	Poetica de Aristoteles traducida de latin. Ilustrada y comentada por Juan Pablo Martir Rizo (erste kritische Ausgabe des spanischen Textes)
26	*Vilho Niitemaa, Turku, Pentti Renvall, Helsinki, Erich Kunze, Helsinki, und Oscar Nikula, Åbo*	Finnland — gestern und heute
27	*Ahasver von Brandt, Heidelberg, Paul Johansen, Hamburg, Hans van Werveke, Gent, Kjell Kumlien, Stockholm, Hermann Kellenbenz, Köln*	Die Deutsche Hanse als Mittler zwischen Ost und West
28	*Hermann Conrad †, Gerd Kleinheyer, Thea Buyken und Martin Herold, Bonn*	Recht und Verfassung des Reiches in der Zeit Maria Theresias Die Vorträge zum Unterricht des Erzherzogs Joseph im Natur- und Völkerrecht sowie im Deutschen Staats- und Lehnrecht
29	*Erich Dinkler, Heidelberg*	Das Apsismosaik von S. Apollinare in Classe
30	*Walther Hubatsch, Bonn, Bernhard Stasiewski, Bonn, Reinhard Wittram, Göttingen, Ludwig Petry, Mainz, und Erich Keyser, Marburg (Lahn)*	Deutsche Universitäten und Hochschulen im Osten
31	*Anton Moortgat, Berlin*	Tell Chuēra in Nordost-Syrien. Bericht über die vierte Grabungskampagne 1963
32	*Albrecht Dihle, Köln*	Umstrittene Daten. Untersuchungen zum Auftreten der Griechen am Roten Meer

33	*Heinrich Behnke und Klaus Kopfermann (Hrsgb.) Münster*	Festschrift zur Gedächtnisfeier für Karl Weierstraß 1815–1965
34	*Joh. Leo Weisgerber, Bonn*	Die Namen der Ubier
35	*Otto Sandrock, Bonn*	Zur ergänzenden Vertragsauslegung im materiellen und internationalen Schuldvertragsrecht. Methodologische Untersuchungen zur Rechtsquellenlehre im Schuldvertragsrecht
36	*Iselin Gundermann, Bonn*	Untersuchungen zum Gebetbüchlein der Herzogin Dorothea von Preußen
37	*Ulrich Eisenhardt, Bonn*	Die weltliche Gerichtsbarkeit der Offizialate in Köln, Bonn und Werl im 18. Jahrhundert
38	*Max Braubach, Bonn*	Bonner Professoren und Studenten in den Revolutionsjahren 1848/49
39	*Henning Bock (Bearb.), Berlin*	Adolf von Hildebrand Gesammelte Schriften zur Kunst
40	*Geo Widengren, Uppsala*	Der Feudalismus im alten Iran
41	*Albrecht Dihle, Köln*	Homer-Probleme
42	*Frank Reuter, Erlangen*	Funkmeß. Die Entwicklung und der Einsatz des RADAR-Verfahrens in Deutschland bis zum Ende des Zweiten Weltkrieges
44	*Reiner Haussherr, Bonn*	Michelangelos Kruzifixus für Vittoria Colonna. Bemerkungen zu Ikonographie und theologischer Deutung
45	*Gerd Kleinheyer, Regensburg*	Zur Rechtsgestalt von Akkusationsprozeß und peinlicher Frage im frühen 17. Jahrhundert. Ein Regensburger Anklageprozeß vor dem Reichshofrat. Anhang: Der Statt Regenspurg Peinliche Gerichtsordnung
46	*Heinrich Lausberg, Münster*	Das Sonett *Les Grenades* von Paul Valéry
47	*Jochen Schröder, Bonn*	Internationale Zuständigkeit. Entwurf eines Systems von Zuständigkeitsinteressen im zwischenstaatlichen Privatverfahrensrecht aufgrund rechtshistorischer, rechtsvergleichender und rechtspolitischer Betrachtungen
48	*Günther Stökl, Köln*	Testament und Siegel Ivans IV.
49	*Michael Weiers, Bonn*	Die Sprache der Moghol der Provinz Herat in Afghanistan

Sonderreihe
PAPYROLOGICA COLONIENSIA

Vol. I *Aloys Kehl, Köln*	Der Psalmenkommentar von Tura, Quaternio IX (Pap. Colon. Theol. 1)
Vol. II *Erich Lüddeckens, Würzburg* *P. Angelicus Kropp O. P., Klausen* *Alfred Hermann und Manfred Weber, Köln*	Demotische und Koptische Texte
Vol. III *Stephanie West, Oxford*	The Ptolemaic Papyri of Homer
Vol. IV *Ursula Hagedorn und Dieter Hagedorn, Köln, Louise C. Youtie und Herbert C. Youtie, Ann Arbor (Hrsg.)*	Das Archiv des Petaus (P. Petaus)

SONDERVERÖFFENTLICHUNGEN

Der Minister für Wissenschaft und Forschung des Landes Nordrhein-Westfalen – Landesamt für Forschung –	Jahrbuch 1963, 1964, 1965, 1966, 1967, 1968, 1969, 1970 und 1971/72 des Landesamtes für Forschung

Verzeichnisse sämtlicher Veröffentlichungen der Arbeitsgemeinschaft für Forschung des Landes Nordrhein-Westfalen, jetzt der Rheinisch-Westfälischen Akademie der Wissenschaften, können beim Westdeutschen Verlag GmbH, 567 Opladen, Ophovener Str. 1–3, angefordert werden.

Batch number: 10584556

Printed by Printforce, the Netherlands